目錄

序言

生物古記——早期生物學

甲骨文中的動植物知識 7
早期動植物地理分布 14
早期的食物鏈記載 23
早期資源保護的記載 30

歸類研究——動植物分類

古代的動植物分類 40
《禽經》記載的鳥類 51
南方動植物分類記載 58
藥用動植物分類研究 69
園林類植物的研究 85
古代動植物分類專譜 94

菌類研究——菌類的利用

古代對大型真菌的認識 101
古代對微生物的認識與利用 109

昆蟲研究——昆蟲的利用

古代昆蟲資源開發利用 117
古代昆蟲寄生現象研究 128
古代食用昆蟲的利用 137

古代治蝗研究的成果 142

近世成就——明清生物學

重要植物輸入與研究 149
植物圖譜與專著的編撰 160
水產動物的研究成果 166
藥用動植物學的新發展 173

序言

文化是民族的血脈，是人民的精神家園。

文化是立國之根，最終體現在文化的發展繁榮。博大精深的中華優秀傳統文化是我們在世界文化激盪中站穩腳跟的根基。中華文化源遠流長，積澱著中華民族最深層的精神追求，代表著中華民族獨特的精神標識，為中華民族生生不息、發展壯大提供了豐厚滋養。我們要認識中華文化的獨特創造、價值理念、鮮明特色，增強文化自信和價值自信。

面對世界各國形形色色的文化現象，面對各種眼花繚亂的現代傳媒，要堅持文化自信，古為今用、洋為中用、推陳出新，有鑑別地加以對待，有揚棄地予以繼承，傳承和昇華中華優秀傳統文化，增強國家文化軟實力。

浩浩歷史長河，熊熊文明薪火，中華文化源遠流長，滾滾黃河、滔滔長江，是最直接源頭，這兩大文化浪濤經過千百年沖刷洗禮和不斷交流、融合以及沉澱，最終形成了求同存異、兼收並蓄的輝煌燦爛的中華文明，也是世界上唯一綿延不絕而從沒中斷的古老文化，並始終充滿了生機與活力。

中華文化曾是東方文化搖籃，也是推動世界文明不斷前行的動力之一。早在五百年前，中華文化的四大發明催生了歐洲文藝復興運動和地理大發現。中國四大發明先後傳到西方，對於促進西方工業社會發展和形成，曾造成了重要作用。

中華文化的力量，已經深深熔鑄到我們的生命力、創造力和凝聚力中，是我們民族的基因。中華民族的精神，也已深深植根於綿延數千年的優秀文化傳統之中，是我們的精神家園。

總之，中華文化博大精深，是中華各族人民五千年來創造、傳承下來的物質文明和精神文明的總和，其內容包羅萬象，浩若星漢，具有很強文化縱深，蘊含豐富寶藏。我們要實現中華文化偉大復興，首先要站在傳統文化前沿，薪火相傳，一脈相承，弘揚和發展五千年來優秀的、光明的、先進的、科學的、文明的和自豪的文化現象，融合古今中外一切文化精華，構建具有中華文化特色的現代民族文化，向世界和未來展示中華民族的文化力量、文化價值、文化形態與文化風采。

為此，在有關專家指導下，我們收集整理了大量古今資料和最新研究成果，特別編撰了本套大型書系。主要包括獨具特色的語言文字、浩如煙海的文化典籍、名揚世界的科技工藝、異彩紛呈的文學藝術、充滿智慧的中國哲學、完備而深刻的倫理道德、古風古韻的建築遺存、深具內涵的自然名勝、悠久傳承的歷史文明，還有各具特色又相互交融的地域文化和民族文化等，充分顯示了中華民族厚重文化底蘊和強大民族凝聚力，具有極強系統性、廣博性和規模性。

本套書系的特點是全景展現，縱橫捭闔，內容採取講故事的方式進行敘述，語言通俗，明白曉暢，圖文並茂，形象直觀，古風古韻，格調高雅，具有很強的可讀性、欣賞性、知識性和延伸性，能夠讓廣大讀者全面觸摸和感受中華文化的豐富內涵。

肖東發

生物古記——早期生物學

遼闊的中華大地蘊藏有豐富的動植物資源，從遠古時候起，中華民族的祖先就在這塊富饒的土地上繁衍生息。他們辨認和品嚐各種野生動植物，從中獲得了種種經驗和知識，並以當時的方式記錄。

甲骨文象形文字表明了人們對生物世界的思考；《禹貢》等早期古籍，展示了當時華夏大地動植物分布概況；《莊子》等對食物鏈的記載，對後來動植物研究有積極影響；此外，古人對環境的保護意識，反映了早期生物資源保護思想，具有生態學意義。

甲骨文中的動植物知識

甲骨文是殷商時期使用過的一種文字。這些刻在動物骨骼上的象形文字，反映了三四千年前人們對生物世界的思考。商代甲骨文中有不少動植物的名稱。反映了當時人們已能根據動植物的外形特徵，辨認不同種類的動、植物，從而出現最早的動植物分類雛形。透過殷墟甲骨文中有關動物的文字，可以發現古人對自然界的觀察是非常細緻的，說明當時人們對文字的概括與總結具有較高的科學性。

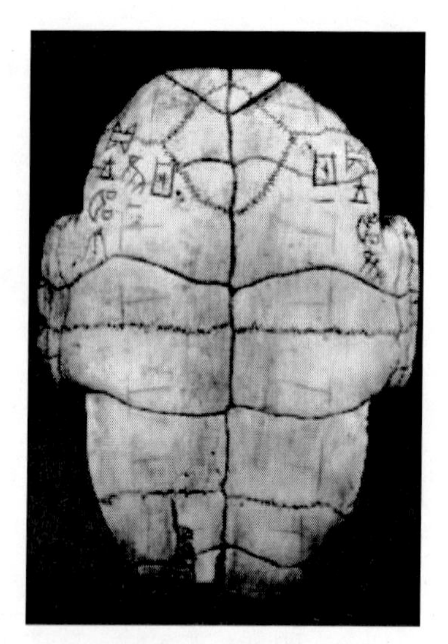
殷墟出土的甲骨文

西元一八九九年秋，清代朝廷任國子監祭酒的王懿榮得了瘧疾，就派人到宣武門外菜市口達仁堂買了一劑中藥。王懿榮是金石學家，也是個古董商，他擔任的國子監祭酒是當時朝廷教育機構的最高長官。

國子監是中國古代隋朝以後的中央官學，為中國古代教育體系中的最高學府，又稱「國子學」或「國子寺」。明朝時期行使雙京制，在南京、北京分別都設有國子監，設在南京的國子監被稱為「南監」或「南雍」，而設在北京的國子監則被稱之為「北監」或「北雍」。

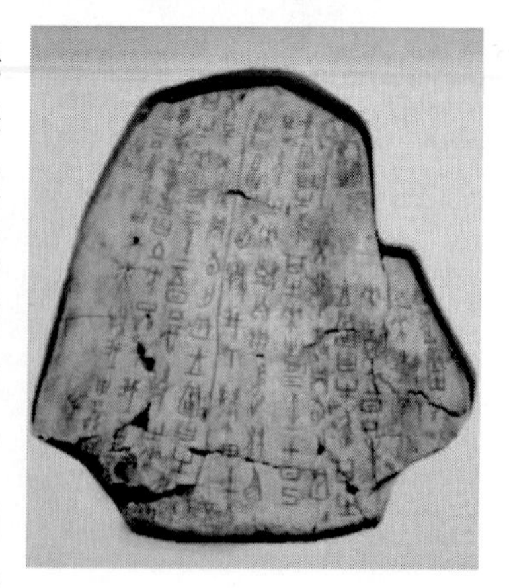

中藥買回來後，王懿榮無意中看到其中的一味叫龍骨的中藥上面有一些符號。龍骨是古代脊椎動物的骨骼，在這種幾十萬年前的骨頭上怎會有刻畫的西安出土的甲古文符號呢？這不禁引起他的好奇。

對古代金石文字素有研究的王懿榮便仔細端詳起來，覺得這不是一般的刻痕，很像古代文字，但其形狀非大篆也非小篆。

為了找到更多的龍骨進行深入研究，王懿榮派人趕到達仁堂，以每片二兩銀子的高價，把藥店所有刻有符號的龍骨全部買下。後來又透過古董商范維卿等人進行收購，累計共收集了一千五百多片。

王懿榮把這些奇怪的圖案畫下來，經過長時間的研究，最後確信這是一種文字，而且比較完善，應該是殷商時期的。

王懿榮對甲骨的收購，逐漸引起當時學者重視，而古董商人則故意隱瞞甲骨出土的土地，以壟斷貨源，從中漁利。王懿榮好友劉鶚等派人到河南多方打探，都以為甲骨來自河南湯陰。

後來，清代末期另一位金石學家羅振玉經過多方查詢，終於確定甲骨出土於河南安陽洹河之濱的小屯村，從而率先正確地判定了甲骨出土處的地理位置。

後來的研究者根據這一線索，找到了龍骨出土的地方，就是現在的河南安陽小屯村，那裡又出土了一大批龍骨。

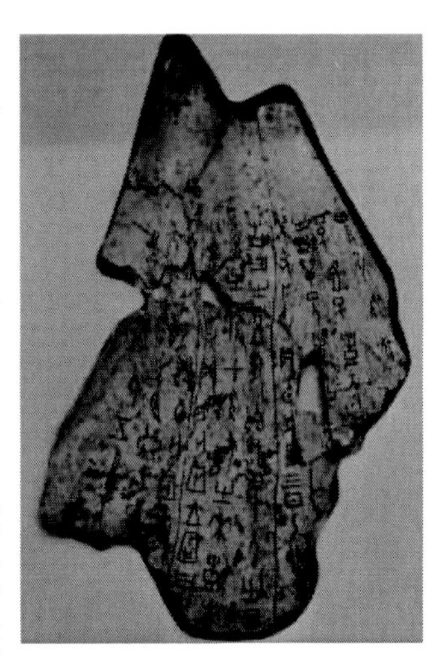

甲骨文曆法

因為這些龍骨主要是龜類獸類的甲骨，所以研究者們將它們命名為「甲骨文」，研究它的學科就叫做「甲骨學」。而王懿榮也被稱為「中國甲骨文之父」。

據學者研究，商朝甲骨文是中國比較成熟的，刻寫在龜甲或獸骨上的文字，漢字的「六書」原則，在甲骨文中都有所體現。甲骨文主要用於占卜，同時其中還有許多關於動植物的訊息。商代甲骨文中有關動物的漢字，說明了商代人與自然密切的關係。

六書是漢字造字方法。漢字的構成和使用方式的六種類型，包括象形、指事、形聲、會意、轉注、假借。六書說是最早的關於漢字構造的系統理論。六書是後來的人把漢字分析而歸納出來的系統。然而，有了六書系統以後，人們再造新字時，都以該系統為依據。

從甲骨文中，不僅可以考察到當時生存在這個環境中動物的類別，而且還可以瞭解到商代社會的各項活動，特別是田獵、農業與畜牧業、手工藝、宗教儀式等，都以動物群體的生存和利用為社會支柱。

在商代人心中，動物是圖騰、是祖先、是天帝使者、是人類伴侶，又是殘害人類的惡魔，還是人類征服的對象，是善與惡的不同角色，這使動物成為商代文化表現的主要內容。

圖騰是原始人群體的親屬、祖先、保護神的標誌和象徵，是人類歷史上最早的一種文化現象。運用圖騰解釋神話、古典記載及民俗民風，往往可獲得舉一反三之功。圖騰就是原始人迷信某種動物或自然物同氏族有血緣關係，因而用來做本氏族的徽號或標誌。

甲骨文中關於動植物的字形結構很有特點。比如，植物有禾、木兩類，甲骨文的草、木不分，有時草、竹也不分，禾，即由木分化而來。

甲骨文中的「禾」字，就像成熟下垂的禾穗，是禾本科作物形象的反映。甲骨文中有許多帶禾的字，如黍、稻等。

甲骨文中的「木」字，就是樹木的形狀，從木的栗字，就形似結滿了栗子的樹木，其他帶木的字還有桑、柳、柏、杏等。

甲骨文中還有四種象形鹿類動物的名稱，就是鹿、麝、麋、麞。雖然它們整體形象不同，有的有角，有的沒有角；有的角短，有的角長並有分枝；有土的甲骨文的腹下有香腺，有的沒有。

河南安陽殷墟出

但這些作為動物名稱的象形字，都有一個共同的象形的「鹿」作為它們的基本形制。這裡面，實際上包含有將一些性狀相近的動物歸為一個類群的意思。

鹿是古代狩獵最重要的對象，所以古代人很熟悉鹿的生活習性。甲骨文中有「麓」字，形狀就像鹿在樹林中間。

鹿喜歡在山林中生活，以鹿所喜愛的樹林棲息地表示山麓，正是古人造字的原意，反映了古代人們對生物與環境關係的瞭解。

殷墟甲骨文

在甲骨文中，龍的寫法有四足，而且鱗紋、巨口、長尾，就像鱷魚的樣子。揚子鱷在史籍中稱為「鼉」，牠既是古老的，又是現在生存數量非常稀少、世界上瀕臨滅絕的爬行動物，在揚子鱷身上，至今還可以找到早先恐龍類爬行動物的許多特徵，所以人們稱揚子鱷為「活化石」。甲骨文中把「鼉」寫得像一張伸展開的鱷魚皮，鱷魚有一張血盆大口，巨齒成排，鱗甲堅硬，四足修尾，水陸兩棲，鳴聲如雷，都與「龍」的特徵一致。在中國傳統文化中，龍是權勢、高貴、尊榮的象徵，又是幸運和成功的標誌。

大象是商代人進行藝術創作的重要主題，在商代青銅器和玉器紋飾中多有表現。在商代都城的王陵區考古中，不只一次地發現當時人們用大象或幼象做祭牲的祭祀坑。

在《呂氏春秋 · 古樂篇》中也有「殷人服象」的記載。在甲骨卜辭中，有這樣的問訊：「今天晚上有雨，能擒獲大象嗎？」另一辭說：「殷王田狩於楚地，獲大象二匹。」類似這種獵象內容的甲骨卜辭有很多，說明商代的野生大象和其他動物一樣，是商王狩獵的主要對象。

殷人占卜，常將占卜人姓名，占卜所問之事及占卜日期、結果等刻在所用龜甲或獸骨上，間或亦刻有少量與占卜有關的記事，這類記錄文字通稱為「卜辭」。一條完整的卜辭，可分前辭、命辭、占辭、驗辭等幾部分。前辭，記占卜的時間和人名。命辭，指所要占卜的事項。占辭，記兆文所示的占卜結果。驗辭，記事後應驗的情況。卜辭是中國現存最早的文字。

正是因為河南是當時大象的主要棲息地，因此，河南又有一名稱為「豫」，豫字就是殷人服象的圖形再現。

《說文解字》中說：「長鼻牙，南粵大獸，三季一乳，象耳牙四足之形。」象字後來多引申為指具體的形狀，又泛指事物的外表形態，如形象、景象、星象、氣象、現象等。

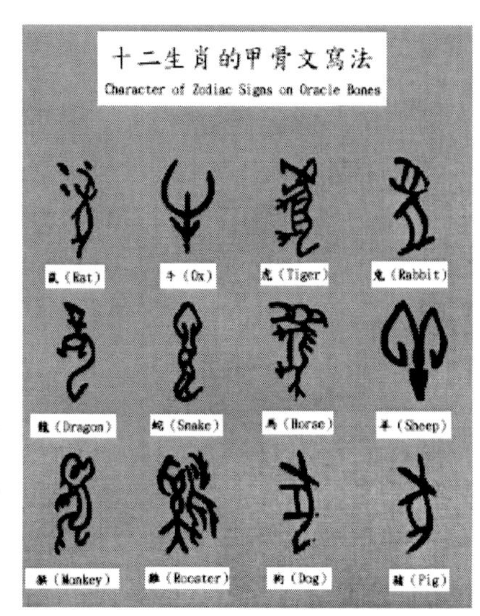

虎，在甲骨卜辭中保持最原始的圖形。有突出的牙和爪表現。這種兇猛的動物較難擒獲，因此卜辭中提到的大型圍獵活動中，虎經常只獲到一或二隻。

武丁時卜辭有這樣一條記載：

癸卯這天用焚燒的辦法獲到了兕十一頭，野豬十五頭，獐二十一頭。

兕，是一種曾經生存在黃河流域的野生大青牛，另一種說法是犀牛，因為在殷墟遺址中，發現過犀牛的骨骼，但大都是野牛之骨。

除了上述文字外，甲骨文中關於動物類的文字還有很多，如：蟲、魚、鳥、犬、豕、馬等。這些文字，同樣具有豐富的史料價值。

此外，在動物文字中也出現了一些與武器相關的字，而且展現出武器的不同用途，或殺戮，或割裂，等等。這在一定程度上可以展示商代狩獵工具的先進性與多樣性。

總之，透過對殷墟甲骨文中關於部分動物文字的研究，不僅可以瞭解當時殷墟周圍的動物種類、生態環境、狩獵工具製造情況，也可以考察到當時社會生活的方方面面，包括田獵、農業與畜牧業、手工藝、宗教儀式等。

而且，透過研究甲骨文中關於動物部分的文字，可以尋找出中國文字的發展脈絡，這為研究古文字提供了可貴的實物材料。甲骨文中動物種類如此繁多，說明當時在殷墟周圍河流縱橫、沼澤密布，氣候溫暖濕潤，樹木參天、水草豐盛，擁有很多良好的天然牧場，活躍著很多珍奇異獸。透過甲骨文中動物種類的分析，可以充分體現當時中原地區的環境特徵。

閱讀連結

清代末期金石學家王懿榮對甲骨文剛做出確認時，還沒來得及深入研究，形勢即發生動盪，他被任命為京師團練大臣。皇室人員為避難離京後，王懿榮徹底失望了。

他對家人說：「吾義不可苟生！」隨即寫了一首絕命詞毅然服毒墜井而死，年方五十六歲。

王懿榮殉難後，他所收藏的甲骨轉歸好友劉鶚。劉鶚於西元一九〇三年拓印《鐵雲藏龜》一書，將甲骨文資料第一次公開出版。後來，人們在王懿榮的家鄉山東省煙台市福山區建紀念館，以紀念這位「中國甲骨文之父」。

早期動植物地理分布

遠在最古老的地理文獻形成以前，地理知識的發生和發展必然經歷一個長期過程。

地球上某一動植物的群落類型在地表的分布，早在很久以前就被人類所逐漸認識。

中國古代百姓在長期與自然作鬥爭的過程中，大大增加了對華夏各地動植物的瞭解。

在《禹貢》、《山海經》、《周禮》等早期古典著作中，都蘊藏有豐富的有關動、植物地理分布方面的知識。

據傳說，大禹在治水時派一個叫豎亥的人，測量東西間和南北間的距離。

大禹，姒姓，夏后氏，名文命，號禹，後世尊稱大禹，是黃帝軒轅氏玄孫、中國奴隸制的創始人。在治水的過程中，禹走遍天下，對各地的地形、習俗、物產等皆瞭如指掌。大禹重新將天下規劃為九個州，並制訂了各州的貢物品種。

豎亥又名「太章」，是一個步子極大，特別能走的人物。他率領專員，踏遍了中華大地，進行了較精確的測量。他們在測量時，發明了測量土地的步尺，

《禹定九州》壁畫

夏禹王像

還有量度的基本單位尺、丈、里等。豎亥從東極到西極大踏步行走，測得二點三三四五七五億步，又從南極到北極大踏步行走，測得二點三七五七五億步。

大禹根據豎亥測得的結果，又測量了洪水的深度，然後從崑崙山取來息壤，治平洪水。息壤就是草木灰，據說它能自己生長，永不耗減，與水勢相抗衡。他又根據山川土壤和植被情況把華夏大地劃定為「九州」，它們分別是：徐州、冀州、兗州、青州、揚州、荊州、梁州、雍州和豫州。九州的土壤和植被情況反映在了《尚書 · 禹貢》當中。

《禹貢》的出現與中國戰國時代的人們為發展生產，而對各地自然條件進行評價具有密切關係，它記述了九州、山川、土壤、草木、貢賦等情況。其中對兗州、徐州、揚州的土壤和植被情況有很好的記載。

《禹貢》記載：在兗州，土壤是灰棕壤，草本植物生長繁茂，木本植物長得挺拔高聳，土壤肥力中下；徐州的土壤為棕壤，草質藤本植物生長良好，木本植物主要為灌木叢；揚州的土壤是黏質濕土，長著大小各種竹林和茂盛的草本植物，並長有許多高大的喬木。

灰棕壤是貢嘎山地區重要的成帶森林土壤，分布很廣。是在山地寒溫帶或山地溫帶生物氣候條件下形成的土類。植被以冷杉、雲杉、鐵杉等組成的亞高山針葉林為主，也有高山櫟類林等，在冷杉—杜鵑林下常見，林下土壤風化程度較弱。

《禹貢》指出，不同的土壤上所生長的植物是不一樣的。由於地域不同、地理條件的差異，草木種類就不一樣。所以，種植的糧食作物也應根據具體情況而有所差別。《禹貢》的作者正是透過動植物情況的調查記錄來指導農業生產實踐的。

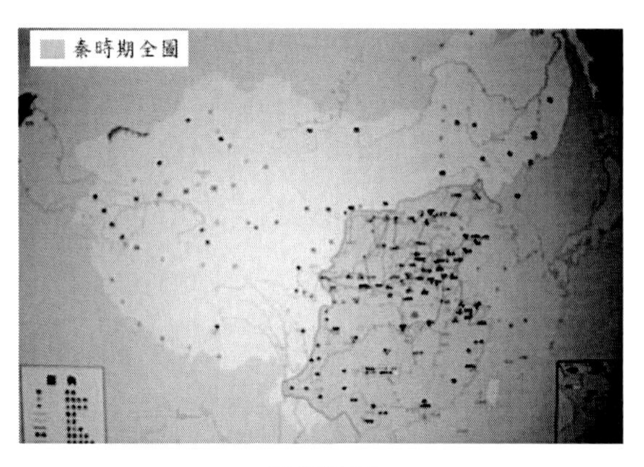

秦代地圖

《山海經》

除上述三個州外，《禹貢》還記述了荊州的貢品中包括杶、榦、栝、青茅及各種竹子。杶就是香椿，榦就是柘樹，栝就是檜樹。此外還記述了豫州出產各種纖維植物等。

其實，對於先秦時期動植物的地理分布情況，《山海經》和《周禮》兩部著作則有更詳細的描述。

《山海經》不是一時一人的作品，經西漢劉向父子校書時，才合編在一起而成。

劉向（約西元前七七年至前六年）是西漢時期經學家、目錄學家、文學家。祖籍沛郡，就是現在的江蘇省徐州。劉向曾經編校《山海經》，使之傳世。他的散文主要是奏疏和校讎古書的「敘錄」，較有名的有《諫營昌陵疏》和《戰國策敘錄》。

《山海經》是一部大約起自東周迄至戰國的著作，還有秦漢學者的添加和潤色。是作者基於對一些地區情況的瞭解，加上有關各地的神話、傳聞寫成的。全書具有較強的地理觀念。

《山海經》中描述的動植物分布情況總體而言是比較粗糙的，描述地域較為籠統，涉及的生物虛實不清。只有《中山經》比較清晰，這可能與作者是中原人有關。

比如《中山經》記載：條谷山的樹木大多是槐樹和桐樹，而草大多是芍藥、門冬草。師每山的南面多出產磨石，山北面多出產青雘，山中的樹木以柏樹居多，又有很多檀樹，還生長著大量柘樹，而草大多是叢生的小竹子。

這部分地區還提到松、橘、柚、薤韭、藥、櫟、莽草等，反映了中國古代東部地區和中部地區的一些植被情況。

《山海經》對動物的分布情況也有所記載，在《南山經》、《東山經》、《中山經》記述的動物有白猿、犀、兕、象、大蛇、蝮蟲、鸚鵡等，基本上是中國古代南亞熱帶和中亞熱帶的動物。

《西山經》則描述了中國溫帶地區和乾旱地區的一些有特色的動物，如牦牛、麝等。《北山經》記載了中國古代西北草原、乾旱區的一些動物，如馬、駱駝、牦牛等。

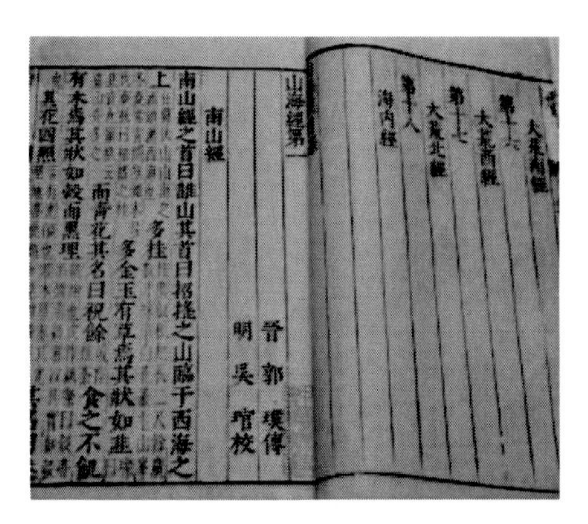

古籍《山海經》

《周禮》一書則比較全面地反映當時積累的生物學知識，並和國計民生緊密結合在一起。這部著作中的許多地方強調對各地環境和生物的認識。

《周禮》是儒家經典，是西周時期的著名政治家、思想家、文學家、軍事家周公旦所著。從其思想內容分析，該書表明的儒家思想發展到戰國後期，融合道、法、陰陽等家思想，春秋孔子時對其發生了極大影響，所涉及之內容極為豐富。

《周禮 · 大司徒》記載：依據土地同所生長的人民和動植物相適宜的法則，辨別十二個區域土地的出產物及其名稱，以觀察人民的居處，從而瞭解它們的利與害之所在，以使人民繁盛，使鳥獸繁殖，使草木生長，努力成就土地上的生產事業。

辨別十二種土壤所宜種植的作物，從而知道所適宜的品種，以教民種植穀物和果樹。這裡的記載表明，那時的人們已經有意識地分辨各種野獸的名稱和類別，以用作認識各地生物的基礎。

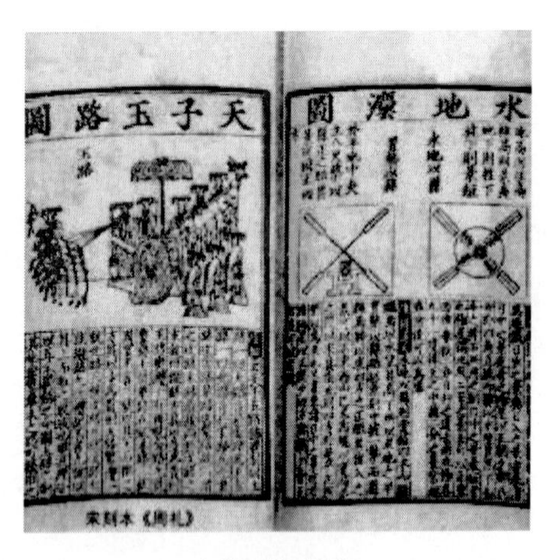

古籍《周禮》

《周禮》中首先將生物分為動物和植物兩大類。並進一步將動物分為「小蟲」、「大獸」，約相當於無脊椎動物和脊椎動物。

小蟲包括龜屬、鱉屬、蚯蚓、魚屬、蛇屬、蛙屬、蟬類、蟲屬等；大獸包括牛羊屬、豬豕屬、虎豹貔等毛不厚者之屬、鳥屬等。反映出中國很早就知道有脊椎動物與無脊椎動物的區分。

《周禮》中有不少內容涉及生態學問題。書中提到辨別土地的出產物、名稱及所宜種植的作物，表明已經注意土壤與植物的關係，強調了在種植莊稼時先調查土壤情況。

比如「山師」之職掌管山林類型的劃分，分辨各類林中產物及其利害關係；「川師」，之職掌管各種河流、湖泊的產物與利害關係等。

《周禮》一書不僅關注動植物的一般分布，而且還注意到動植物分布的界限。比如說南方的橘樹移植到北方，就會變成小灌木，橘子也會變成不能吃的「枳」；動物中的鴝等的分布也有類似情況。

鴝，又叫「鴝鵒」，也叫「八哥」，是中國南方常見的鳥類，自陝西省南部至長江以南各省，以及海南省也有分布。頭身都是黑色，兩隻翅膀下都有白點，口黃的為小的八哥， 口白的為老的八哥，牠的舌頭像人舌頭，能模仿人說話，因此人類喜愛養牠逗趣。

這是當時人們在長期的觀察自然、引種植物和狩獵中得出的經驗總結。

當時的人們已注意到木材內部的結構與光照等環境因子的關係，比如認為向陽面紋理細密，向陰面紋理疏柔。這一觀察實際已涉及植物生態解剖學問題。

在有些章節中，作者也記述了人們對植物與水分因子的關係的關注。

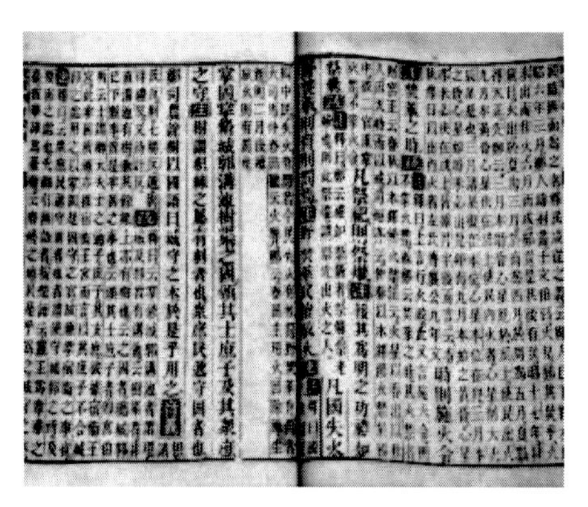

《周禮 · 夏官司徒》

特別引人注目的是，《周禮 · 大司徒》中的這樣一段記載，是對「五地」的土地情況、動植物的特點、人群等進行系統的論述，體現了人們對生物與環境關係認識的深化。

在山地森林裡，分布的動物主要是獸類，植物主要是帶殼果實的喬木。那裡的人毛長而體方。

在河流湖泊裡，動物主要是魚類，植物主要是水生或沼生植物。那裡的人皮膚黑而潤澤。

在丘陵地帶，動物主要是鳥類，植物主要是梅、李等核果類果木。那裡的人體型圓而長。

在沖積平地，動物以甲殼類為主，植物以結莢果為主的豆科植物。那裡的人膚色白而體瘦。

在濕窪之地，動物以蚊、虻昆蟲為主，植物則以叢生的禾草或莎草科植物為主。那裡的人胖而矮。

這段話雖然受陰陽五行說的影響，帶有明顯的刻板機械色彩，但不難窺見，在兩千多年前，人類已具有初步的生態系統概念。

《周禮》一書的有關記述，比《禹貢》更細緻、全面。它不但有詳盡的規劃分工，還有嚴密的資源管理設置。其中所反映的生態學知識更為具體、豐富和層次分明，在深度和廣度方面都有了新的進步。

圖 植物標本

總之，從《禹貢》、《山海經》和《周禮》的有關記載我們可以看出，當時的人們從宏觀上對各地的植被做了一定的考察，具有一定的植物地理學思想。這是長期實踐促使人們瞭解什麼地方分布什麼生物，適宜栽植何種類型的作物，不斷熟悉各地環境的結果。

閱讀連結

據傳說，在大禹治水的過程中，經常叫他的妻子塗山氏在中午去送飯。有一次她去得早了，卻發現一頭巨大的熊在用爪子開山，原來這就是她的丈夫。

塗山氏轉身而逃，大禹發現後緊緊追趕，塗山氏卻變成了一塊山石，不願再與大禹生活。

塗山氏當時已經懷孕，大禹無奈之下叫道：「歸我子！」石頭應聲裂開，一個孩子從石頭中蹦了出來。大禹便為孩子取名為啟，就是開啟而生的意思。這個啟後來就是中國歷史上第一個國家夏王朝的開國之君。

早期的食物鏈記載

中國幾千年的農業歷史中，包含有農業生產與生態協調的合理因素，食物鏈的應用即是其中一例。食物鏈的形成是一個自然的過程，它不依賴生態圈以外的條件，且維持著整個生態圈內部生命生存的動態平衡。

生物之間以食物營養關係彼此聯繫起來的序列，就像一條鏈子一樣，一環扣一環，在生態學上被稱為「食物鏈」。在農業社會條件下，中國古人對動物結構中的生存規律尤為重視，已經注意到了動物之間存在著的食物鏈的關係，並被記錄在《莊子》等古籍中。

相傳很久以前，因為老百姓用糧浪費，玉皇大帝一怒把五穀雜糧的穗子都給拿走了。於是人們的生活就成了問題，只有想法尋找別的食物替代。

有一天，舜帝帶著他的部族到了不遠的雷澤湖捕魚。一條老魚精游到湖面上問舜帝：「大慈大悲的舜帝爺，你們浪費糧食，被上天懲罰，於是，我們水族也跟著遭殃，以前你們的剩飯剩湯，我們能吃點，現在我們吃什麼呀？」

舜帝爺一聽，隨口說：「你們吃什麼？大魚吃小魚！」大魚只好游走了。

一會兒，又有一群小魚游出了水面問：「舜帝爺你說大魚吃小魚，那我們小魚也不能餓死呀！」

舜帝想了想說：「小魚吃蝦米。」小魚剛游走，就有一群蝦米跳出水面問：「舜帝爺，我們蝦米吃誰去呀？」

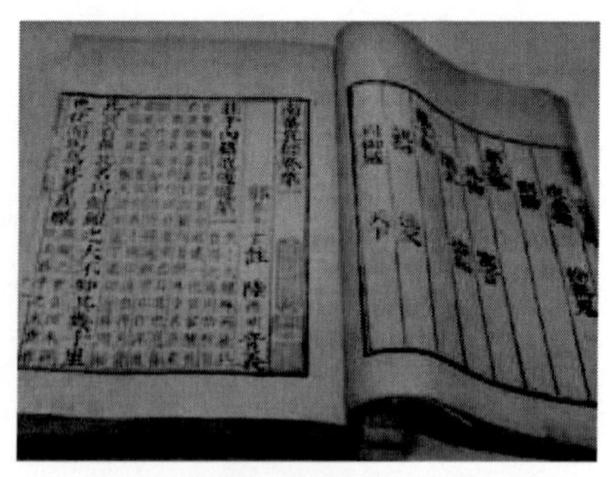

古籍《莊子》

莊子（西元前三六九年至前二八六年）是戰國中期宋國蒙城人，戰國時期的思想家、哲學家、文學家，道家學說的主要創始人之一，老子思想的繼承和發展者。後世將他與老子並稱為「老莊」。代表作品為《莊子》以及名篇《逍遙游》、《齊物論》等。

舜想來想去蝦米是真沒吃的了，忽然看見蝦米的腿上都沾有汙泥，隨口說了一句：「你們蝦米就吃汙泥吧！」

舜帝，生於姚墟，故姚姓，冀州人。舜為四部落聯盟首領，以受堯的「禪讓」而稱帝於天下，其國號為「有虞」。都城在蒲阪，即現在的山西省永濟。帝舜、大舜、虞帝舜、舜帝皆虞舜之帝王號，故後世以「舜」簡稱之。舜帝是中華民族的共同始祖。他不僅是中華道德的創始人之一，而且是華夏文明的重要奠基人。

從此，大魚吃小魚，小魚吃蝦米，蝦米吃汙泥、吃浮游生物，形成了一種食物鏈。

食物鏈是大自然的生態鏈，更是地球人生存的真理。在同生物界廣泛接觸的過程中，中國古代學者在著作中記載了所得所悟，表明已經進一步加深了對各種動植物與周圍環境關係的認識。

先秦時期就有對食物鏈的記載和認識。不同種類的動物之間，為了生存，還存在著複雜的鬥爭關係。比如早在兩千多年前，《莊子》就記載了許多與食物鏈有關的故事。

《莊子》的作者莊周是戰國時期的宋國人。他繼承和發展了老子的「道法自然」的觀點，否定鬼神主宰世界，認為道是萬物的創造者。莊周認為不同種類生物之間，由於食物的關係，而存在一系列相互利害的複雜關係。

《莊子 ・ 山木篇》記載了「螳螂捕蟬，黃鵲在後」的著名故事。

有一天，莊周來到雕陵栗園，看見一隻翅膀寬闊、眼睛圓大的異鵲，從南方飛來，停於栗林之中。莊周手執彈弓疾速趕上去，準備射彈。

這時，莊周忽見一隻蟬兒，正得著樹葉蔭蔽，而忘了自身。

就在這剎那，有隻螳螂藉著樹葉的隱蔽，伸出臂來一舉而搏住蟬兒，螳螂意在捕蟬，見有所得而顯露自己的形跡。而此時的異鵲乘螳螂捕蟬的時候，攫食螳螂。只是異鵲還不知道，牠自己的性命也很危險。

莊周見了不覺心驚，警惕著說道：「物固相殘，二類相召也。」意思是說，物與物互相殘害，這是由於兩類之間互相招引貪圖所致！想到這裡，他趕緊扔下彈弓，回頭就跑。

恰在此時，看守果園的人卻把莊周看成是偷栗子的人，便追逐著痛罵他。

這個生動的故事說明，莊周已經發現了人捕鳥、鳥吃螳螂、螳螂吃蟬等動物間的複雜關係。莊周所看到的這種關係，實際上是一條包括人在內的食物鏈。

在食物鏈中，生物是互為利害的。不同種類生物之間的鬥爭是不可避免的。

古畫中的螳螂捕蟬

《莊子》還有一個「蝍蛆甘帶」的典故。「蝍蛆」即是蜈蚣，「帶」是大蛇，該典故的意思是大蛇被蜈蚣吸食精血而亡。

在當時，嶺南多大蛇，長數十丈，專門害人。當地居民家家蓄養蜈蚣，養到身長一尺有餘，然後放在枕畔或枕中。

假如有蛇進入家中，蜈蚣便噴氣發聲。放蜈蚣出來，牠便鞠起腰來，首尾著力，一跳有一丈來高，搭在大蛇七寸位置上，用那鐵鉤似的一對鉗來鉗住蛇頭，吸蛇精血，至死方休。

蛇的七寸是指蛇的心臟所在位置，在蛇的腹部，即是蛇的脊椎骨上最脆弱、最容易打斷的地方。一旦蛇的脊椎骨被打斷以後，其溝通神經中樞和身體其他部分的通道就會被破壞。所以七寸通常用來比喻事物的關鍵點、弱點、要害部位。

像大蛇這樣身長數丈、幾十公斤或上百公斤的東西，反而死在尺把長、指頭大的蜈蚣手裡，所以就有了《莊子》中「蝍蛆甘帶」的由來。

古人知道蜈蚣制蛇，還可以追溯至更久遠的年代。在中國古代有一種能夠制蛇的大蜈蚣。宋代官員陸佃在《埤雅》中就說：蜈蚣能制蛇，牠突然遇到大蛇時，便抓住蛇的七寸吸盡精血。

在古代，人們不僅知道蜈蚣能吃蛇，而且也知道蛇吃蛙，而蛙又會吃蜈蚣。南宋道家著作《關尹靈蛇石雕子 · 三極》說：「蝍蛆食蛇，蛇食蛙，蛙食蝍蛆，互相食也。」

陸佃的《埤雅》中也有類似的記述：「蝍蛆搏蛇。舊說蟾蜍食蝍蛆，蝍蛆食蛇，蛇食蟾蜍，三物相制也。」在這裡蛙已被蟾蜍替代，但仍符合自然界的實際情況。

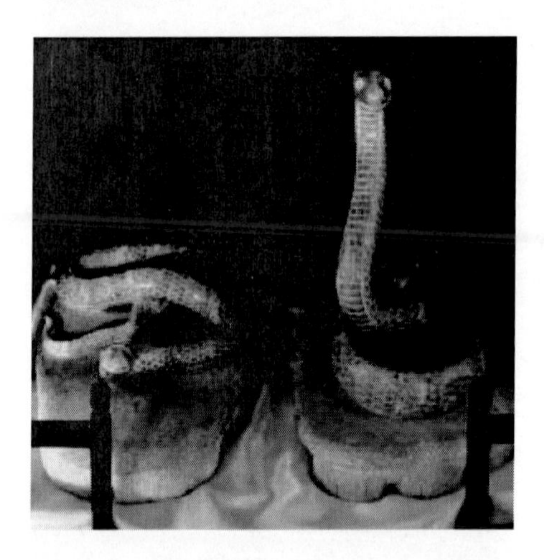

動物相食的觀念，在雲南省江川李家山古滇文化墓群中出土的戰國青銅臂甲的刻畫上也得到了反映。

青銅臂甲上刻有十七隻動物，可以分為兩組。第一組十三隻動物，有兩隻大老虎，其中一隻咬著野豬；另一隻正向雙鹿撲去。一隻猿正在攀樹逃避。此外還刻有甲蟲、魚、蝦等小動物。

第二組的畫面上有兩隻雄雞，一隻正啄著一條蜥蜴，而蜥蜴旁邊的蛾和甲蟲，則顯然是蜥蜴的食物；另一隻雞則被一隻野狸咬住。在第一組刻畫中，反映了老虎、野豬和鹿構成的食物鏈關係；在第二組刻畫中，表現了野狸吃雞、雞吃蜥蜴、蜥蜴吃小蟲的關係。上述記載表明，中國遠在宋代之前，對蜈蚣、蛇、蛙、老虎、野豬、鹿、猿，以及甲蟲、魚、蝦等動物在自然界裡表現出來的互相競爭，互相制約的關係，有深刻的瞭解。

總之，中國早期在生物學領域已經認識到：在食物鏈中，一種動物往往既是捕食者，同時又是被食者。也就是說，某一種生物既可以多種生物為食，牠本身又可以為多種生物所食，這樣就形成有複雜交錯的關係。

閱讀連結

據傳說，漢武帝時，西域月氏國獻猛獸一頭。其形如兩個月左右的小狗，就像狸貓般大小，拖一個小尾巴。

漢武帝見這動物生得猥瑣，笑道：「這小東西是猛獸嗎？」

使者說：「百禽不必計其大小，全都怕牠。」

漢武帝不信，就讓使者將此獸拿到上林苑虎圈試試。

群虎一見，皆縮成一堆，雙膝跪倒。上林苑令急奏，漢武帝震怒，要殺此獸。但第二天，使者與猛獸都不見了。

虎是獸中之王，是食物鏈的頂端。但「一物降一物」，遇到異獸，也難免被吃。

早期資源保護的記載

在古代自給自足的自然經濟社會中，生物資源，特別是森林資源是人們獲取生產和生活資料的重要源泉。即使在農業生產有了發展的情況下，野生生物資源對人們衣食住行的重要性也是顯而易見的。

在長期的生產活動中，古代的人們逐漸認識到保護森林和生物資源的重要性。產生了初步的環境保護意識並採取了一定的保護措施。

從遠古時期起，先民就開始有了保護自然生態環境的思想。

這種思想，常常是不自覺的，甚至帶有濃厚的迷信色彩。例如上古時代，人們曾把山川與百神一同祭祀。

新石器時代古人耕種場景

商湯還在做諸侯時，有一次到郊外散步，發現有人在張網捕鳥。讓商湯感到驚訝的是，其所張之網，不是一張，而是四張，有從四面八方合圍之勢。

對於鳥來說，就只有進的道，再也沒有逃生的路了。

然而，更讓商湯吃驚的是，那位捕鳥的人還在那裡念念叨叨：「讓天下所有的鳥都進入我的網中，而且是越多越好，越大越好，越肥越好。」

這激起了商湯的憐憫心腸。他對捕鳥人說：「你這樣捕鳥，那不是要把天下的鳥一網打盡嗎？」於是，他就讓捕鳥人把四面中的三面撤下去。還告訴捕鳥人應該這樣說，「想往左飛的就往左飛，想向右飛的就向右飛，那些命不好的就飛到我網中吧！」

這個消息傳到諸侯耳中，都稱讚商湯的仁德可以施與禽獸，必能施與諸侯，因此紛紛加盟。後來，商湯的部落越來越強大了，建立了商王朝。

商湯網開一面的故事，是中國古代君侯保護自然資源的最早記載。其實，古代的人們在獲取生產和生活資料時，不斷地對自然環境進行干預，反過來環境也產生一些反作用。這就促使一些有識之士日益關注如何防止人們的生活環境的進一步惡化。

孟子畫像

商湯（？至約西元前一五八八年）是商王朝的創建者，在位三十年，其中十七年為夏朝商國諸侯，十三年為商朝國王。今人多稱「商湯」，又稱「武湯」、「天乙」、「成湯」、「成唐」，甲骨文稱「唐」、「大乙」，又稱「高祖乙」，商人部落首領。

在中國許多古籍中，都有關於生物資源保護的記載。比如：《尚書》、《史記》、《孟子》中說，舜命伯益為「虞」，就是掌管山澤草木鳥獸蟲魚的官員，伯益曾放火將一些山林燒毀，以趕走毒蛇猛獸。

《禹貢》則記載了大禹在治理洪水時，也曾大規模砍伐樹木；《詩 · 大雅 · 皇點》中還記載周人在古公亶父時期，百姓砍除樹木，營建居住點和毀林開荒的情況。

古公亶父，姓姬，名亶，上古周族領袖，是周文王的祖父。「亶」後加一個「父」字，表示尊敬，並不是名叫「亶父」，「古公」也是尊稱。他是周朝先公，是西伯君主，其後裔周武王姬發建立周朝時，追謚他為「周太王」。

在當時生產力低下的情況下，發生這種向自然獲取資源的情形是必然的，並且可能延續了很長的一段時間。由於人們對森林及生物資源的不合理利用的情況日趨嚴重，人們逐漸認識到了問題的嚴重性。

春秋時期的齊國政治家、思想家管仲的《管子》一書，反映了人們對於破壞環境的惡果有很深刻的認識。其作者非常強調山林湖澤的生物資源對於國計民生的重要性。

《管子 · 輕重篇》指出：虞舜當政的時代，斷竭水澤，伐盡山林。夏后氏當政的時代，焚毀草木和湖澤，不准民間增加財利。燒山林、毀草菇、火焚湖澤等措施，是因為禽獸過多。

伐盡山林，斷竭水澤，是因為君王的智慧不足。客觀地分析了前人破壞自然環境的原因。

在論及山澤林木的重要價值時，《管子》記載：

山林菹澤草萊者，薪蒸之所出，犧牲之所起也。故使民求之，使民籍之，因以給之。

這裡十分明確地指出了山林川澤等自然生物資源對於人民生活的重要性。

戰國時期思想家孟軻在《孟子》仲介紹了牛山的情況。牛山位於古代齊國的東南部，即今山東省淄博市臨淄南。那裡原來林木茂盛，但是至孟子生活的年代，已經變成了禿山。

孟軻認為，牛山之所以會變成這樣，是因為這裡的樹木被不斷的亂砍濫伐，加上牛羊等牲畜糟蹋破壞的結果。誠如孟軻所指出的「苟失其養，無物不消」，體現了人們對森林被嚴重破壞的狀況所表示的擔憂。另一個思想家荀況在《荀子 · 勸學篇》記載：「物類之起，必有所始……草木疇生，禽獸群焉……樹木成蔭而眾鳥息焉。」

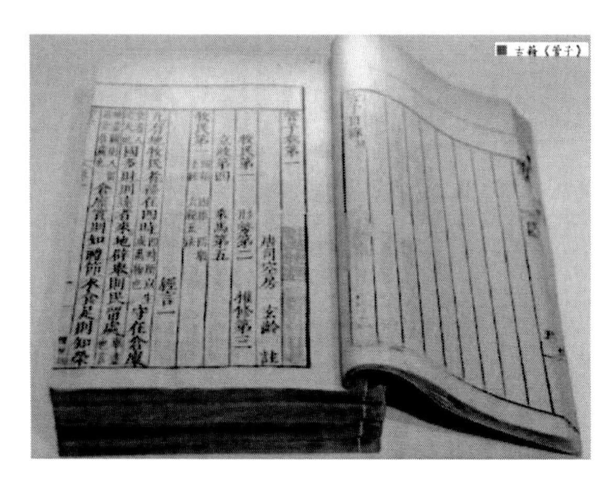

古籍《管子》

這幾句話的大意是說，凡一種事物的興起，一定有它的根源。草木叢生，野獸成群，萬物皆以類聚。樹林繁茂陰涼眾鳥就會來投宿。

不僅如此，荀況還進一步指出，如果動物賴以生存的環境遭到破壞，那麼動物就會難以生存。他說山林繁茂禽獸才得以棲息，而山林被破壞，鳥獸就離開了。

有了大的河流龍魚才能生存，而河流乾涸，龍魚就離開了。因此，他認為只有按自然規律辦事，保護動物的棲息地，動物才能繁茂。

荀況在《富國篇》中又說道：「君者，善群也。群道當，則萬物皆得其宜，六畜皆得其長，群生皆得其命。」

孟軻（約西元前三七二年至前二八九年），生於戰國時期的鄒，即今山東省鄒城市東南。戰國時期著名思想家、政治家、教育家，民主思想的先驅。他繼承並發揚了孔子的思想，成為僅次於孔子的一代儒家宗師，對後世中國文化的影響全面而巨大，有「亞聖」之稱。

荀況（約西元前三一三年至前二三八年）是著名思想家、文學家、政治家，儒家代表人物之一，時人尊稱「荀卿」，又稱「孫卿」，是戰國末期趙國人。對儒家思想發展有所貢獻，主張性惡論，在中國古代思想史上有著重要的地位。

這指出了聖賢君王的職責在於協調人與人、人與自然之間的關係群，只有這些關係協調得宜，人與人、人與自然才能夠相互依存，共同發展。

春秋戰國時期的學者認識到，森林一旦被破壞，不僅會使木材資源本身出現枯竭，而且也使野生動物資源受到影響。因此，一些睿智之士和著名的政治家曾對一些破壞生物資源的愚昧、錯誤行為作了堅決的鬥爭。

據《國語 · 魯語》記載，有一年夏天，魯宣公到泗水捕魚。大夫里革聽說後，趕到泗水邊，把魯宣公的網弄斷，然後扔掉。

里革對魯宣公說：「打魚狩獵要講究時節，注意避開動物的繁殖期。要保護好幼小的生物，讓萬物更好的繁殖生息，蓬勃生長，這是古人的訓誡。現在魚類正處在繁殖期，您還撒網捕魚，真是貪得無厭。」

魯宣公聽了里革的話後，表示虛心接受批評，並加以改正。

據《左傳》記載：有一年鄭國大旱，派屠擊、祝款、豎柎去桑山求雨。他們在那裡伐木，結果還是未能下雨。鄭國的政治家子產聽說後很氣憤，對這種愚昧的伐木求雨行為進行了嚴肅的批判，後來還對有關肇事者進行了嚴肅的處理，撤了他們的官職。

子產（？至西元前五二二年）是著名的政治家和思想家，世稱「公孫僑」、「鄭子產」，生於春秋後期的鄭國，即今河南省新鄭市。他的政治主張在當時的鄭國發揮了重要作用，在中國歷史上影響深遠，後世對其評價甚高，將他視為中國歷史上宰相的典範。

秦國丞相呂不韋主編的《呂氏春秋．義賞》，曾經針對戰國時期的一些不適當的漁獵方式指出：「竭澤而漁，豈不獲得，而明年無魚；焚藪而田，豈不獲得，而明年無獸。」

呂不韋（？至西元前二三五年），衛國濮陽，即今河南省濮陽人。是戰國末期衛國著名商人，後為秦國丞相，政治家、思想家。他以「奇貨可居」聞名於世。他組織門客編寫了著名的《呂氏春秋》。他也是雜家思想的代表人物。

意思是說，抽乾湖水來捕魚，怎麼可能捕不到？但是明年就沒有魚了；燒毀樹林來打獵，怎麼可能打不到？但是明年就沒有野獸了。堅決反對竭澤而漁、焚藪而獵這種斬盡殺絕的短視做法。

為了合理利用好各種生物資源，許多學者紛紛提出一些保護生物資源，使之能永續利用的方法。比如《孟子》對森林自然更新的能力有所認識，提出：「斧斤以時入山林，則材木不可勝用也。」

生物資源的重要特點是能夠再生更新，一個成熟的森林群落，只要不是頻繁過度地採伐，就能承受一定量的擇伐而很快恢復的。《孟子》中的這句名言正是提倡合理利用資源，已經關心到森林的生態平衡。

荀況也提出要「斬伐養長不失其時」，「草木榮華滋碩之時，則斧斤不入山林，不夭其生，不絕其長也。」進一步闡發了《孟子》中的資源保護思想。

隨著人們認識的逐漸提高，春秋戰國時期也逐步形成和完善了一套管理保護生物資源的職官和制度。戰國末期《呂氏春秋 · 上農》提出了較為完善的法制觀念，並按月令的方式制訂一些適合的措施。

荀子畫像

比如：正月禁止伐木；二月無焚山林；三月無伐桑柘；四月無伐大樹；五月令民無割藍以染；六月樹木方盛，乃命虞人入山行木，無或斬木，不可以興土功；九月草木黃落，乃伐薪為炭。

這些論述以各個月分規定了保護生物資源的具體做法，以便有計劃地利用好資源。它可能是戰國時有關環保禮制和法律的綜合，並作了進一步的通俗化。

西元一九七五年，中國的考古工作者在湖北省雲夢縣睡虎地，發現了一批秦代竹簡。

其中有一段《田律》的意思是：春天二月，不准燒草做肥料，不准採伐剛剛發芽的植物或獵取幼獸，不准毒魚，也不准設置陷阱和網羅捕捉鳥獸，至七月才解除禁令。禁令期間，只有因死亡需要伐木製棺槨的，才不受此限制。

這段《田律》是先秦有關保護森林和生物資源的具體法律條文，而且與上述的文獻記載有很多相似之處，貫穿著環境保護思想。

總之，中國古代的環保主要是圍繞生物資源進行的，其中心內容是強調以時禁發，永續利用，具有較大的合理性和可行性。這些生物資源保護思想一直為後人所提倡，足見其充滿生命力。

閱讀連結

周文王姬昌為周部落的興盛建立了不朽功勛。他在臨終之前囑咐兒子姬發，也就是後來的周武王，一定要加強山林川澤的管理，不要強行破壞那裡的一切。

他說：「山林不到季節時不能砍伐，以方便草木的生長，不能在魚鱉小時撒網，不能射殺母鹿和幼鹿，不撿鳥蛋。」姬發牢記父親的教誨，勤政愛民，發展生產，最後建立了新的政權。

其實，周文王制定的如此法律，都是為了百姓的生息，這才是真正的安民告示。

歸類研究——動植物分類

遠在人類社會初期，古人就在從事最簡單的採集、漁獵的生產過程中，就已經開始學會辨別一些有用的和有害的動物和植物，並逐步地形成了中國古代的動植物分類體系。

中國古代動植物分類學涉及諸多方面。

《禽經》作為中國最早的一部鳥類分類學著作，總結了宋代以前的鳥類各方面知識。秦漢時期記載的「動物志」和「植物志」，是古代動植物學的重要內容之一。藥用動植物、園林動植物及動植物專著，也是古代動植物分類研究的重要成就。

古代的動植物分類

在中國古代，隨著農牧業生產的發展，人們在實踐活動中，不僅在動植物的大類方面積累了寶貴的分類知識，而且，對於動植物還有進一步的比較精細的分類。

古人不斷觀察，不斷分析，不斷比較，不斷認識，逐漸產生了古老的傳統動植物分類認識，區分出大獸和小蟲，逐步地形成了中國古代的動植物分類體系。

龍門山位於河南省洛陽市南郊十三公里的伊河兩岸東、西山上。西山又名「龍門山」。古稱「伊闕」，故又稱「伊闕石窟」。開鑿於西元四九四年，即北魏孝文帝遷都洛陽前後，後歷經了一千餘年間不斷的營造，尤以北魏時期和唐代時期為盛。

傳說，很早以前，龍門還沒有鑿開，伊水流到這裡被龍門山擋住了，就在山南積聚了一個大湖。

古人生活環境

鯉魚躍龍門石雕

居住在黃河裡的鯉魚聽說龍門風光好，都想去觀光。牠們從河南孟津的黃河裡出發，通過洛河，又順伊河來到龍門口。但龍門山上無水路，上不去，牠們只好聚在龍門的北山腳下。

一條大紅鯉魚對大家說：「我有個主意，咱們跳過這龍門山怎樣？」

「那麼高，怎麼跳啊？」

「跳不好會摔死的！」夥伴們七嘴八舌拿不定主意。

於是，大紅鯉魚便自告奮勇地說：「讓我先跳，試一試！」

只見牠從半里外就使出全身力量，像離弦的箭，縱身一躍，一下子跳到半天雲裡，帶動著空中的雲和雨往前走。

一團天火從身後追來，燒掉了牠的尾巴。牠忍著疼痛，繼續朝前飛躍，終於越過龍門山，落到山南的湖水中，一眨眼就變成了一條巨龍。

山北的鯉魚們見此情景，一個個被嚇得縮在一塊，不敢再去冒這個險了。

這時，忽見天上降下一條巨龍說：「不要怕，我就是你們的夥伴大紅鯉魚，因為我跳過了龍門，就變成了龍，你們也要勇敢地跳呀！」

鯉魚們聽了這些話，受到鼓舞，開始一個個挨著跳龍門山。可是除了少數跳過去化為龍以外，大多數都過不去。凡是跳不過去，從空中摔下來的，額頭上就落一個黑疤。直至今天，黃河鯉魚的額頭上還長著黑疤。

宋代陸佃的訓詁書《埤雅．釋魚》記載：「魚躍龍門，過而為龍，唯鯉或然。」意思是說，魚躍龍門，越過去就成為龍，只有鯉魚也許能這樣。

鯉魚成龍石雕

遠在人類社會初期，古人在從事最簡單的採集、漁獵的生產過程中，就已經開始學會辨別一些有用的和有害的動物和植物。

隨著農牧業生產的發展，人們在實踐活動中，不斷觀察，不斷分析，不斷比較，不斷認識，逐漸產生了要把周圍形形色色的生物加以分類的想法，並且逐步地形成了中國古代的動植物分類體系。

對動植物加以分類，是人類認識利用生物的重要手段，它對農牧業的生產和醫藥事業的發展都具有十分重要的意義。

春秋戰國以後，中國古代生物學進入了一個新的發展時期，它的主要標誌，就是出現了一些有關動植物方面的著作。《禹貢》和《山海經》中都有文字記述各地的物產，其中主要是動植物。《山海經》不僅著錄各地動植物的名稱，而且描述它們的形態特徵，並記錄它們的用途。

用草、木、蟲、魚、鳥、獸來概括整個動植物界的種類，這是中國最古老的傳統分類認識。這一分類認識在中國最早的一部詞典《爾雅》中比較完整地反映了出來。

《爾雅》大概從戰國時期起就已經開始彙集，到西漢才告完成，是一部專門解釋古代詞語的著作。書中有《釋草》、《釋木》、《釋蟲》、《釋魚》、《釋鳥》、《釋獸》、《釋畜》等篇，專門解釋動植物的名稱。

古籍《爾雅》

五穀圖

前六篇主要包括野生的植物和動物，最末一篇主要講家養動物。從它的篇目排列次序來看，反映了當時人們對於動植物的分類認識，就是分植物為草、木兩類，分動物為蟲、魚、鳥、獸四類。

《爾雅》各分篇比較細的動植物分類認識，基本上反映了自然界的客觀實際。這是中國古代百姓對動植物分類的樸素、自然的認識。這一樸素的分類方式，起源由來已久，流傳也比較廣。

根據殷墟甲骨卜辭中有關動植物名稱的文字來考察，可以清楚地看到，四千多年前，人們在長期的農牧業生產實踐中，就已經把某些外部形態相似的動物或植物聯繫起來，以表示這類動物或植物的共同性； 把某些外部形態相異的動物或植物相比較，以表示它們之間的相異性。如：繁體字的雉、雞、雀、鳳文字，都從「隹」形，有羽翼，表示它們同屬鳥類。

甲骨文中關於蟲類名稱的字形不多，但仍然可以反映出當時人們對蟲類的分類認識。例如，蟲、蠶都從「蟲」形，表明它們同屬蟲類。穀類植物都是草本，生長期短，適宜於農業栽培，是人們生活資料的主要來源之一。甲骨文中有關穀類名稱的有禾形，表明它們同屬一類，都是草本植物。

也許當時人們對各種魚類還沒有嚴格區分，因此，在甲骨文中沒有反映各種魚類名稱的文字。各種魚類都用形來表示，以示它們同屬一類。所以，可以說，在甲骨文中，已經有了蟲、魚、鳥、獸的分類認識的雛形。

《爾雅》中的分篇，正是應用了這一古老的傳統分類方式。從每篇所包含的具體內容來看，清楚地表明，人們對每一類的分類認識是相當明確的。

《釋草》中所包含的一百多種植物的名稱，全部是草本植物。

比如蔥蒜類，《釋草》中說：「藿，山韭。茖，山蔥。勤，山薤。蒚，山蒜。」

把山韭，山蔥、山薤、山蒜等植物名稱排列在一起，表明它們是一類的。而韭仍蔥、薤、蒜等植物，在現在的分類學上認為是同一屬的，稱「蔥蒜屬」。

《釋木》中的幾十種植物名稱，都是木本植物。這說明人們把植物分為草本和木本兩類，和現在分類學的認識基本一致。

《柳蟬圖》

比如椟梀類，《釋木》中說：「椟，赤梀；白者梀。」顯然，把梀分為赤、白兩種，自然是把椟和梀看作一類，反映中國古代已經有「椟樹屬」的概念。其他如桃李類、松柏類、桑類、榆類、菌類、藻類、棠杜類等，不一而足。

《釋蟲》所包含的八十多種動物名稱中，絕大多數是節肢動物。其餘是軟體動物。

比如蟬類，《釋蟲》中把蜩、蚻、蠽、蝒、蜺等動物名稱排列在一起，表示牠們同屬一類。這些不同種類的蟬，在現代分類學上屬同翅目蟬科。

蟬，只飲露水和樹汁，加上其出淤泥而不染，象徵著聖潔、純真和清高。蟬的鳴叫聲餘音繞梁，所以蟬又有著一鳴驚人之意。蟬是周而復始，延綿不斷的生物，寓意子孫萬代、生生不息。蟬諧音於「纏」，在腰間佩戴翡翠蟬寓意腰纏萬貫。在中國古代，蟬還代表第一，象徵位居榜首、永奪第一。

甲蟲標本

又如甲蟲類，《釋蟲》中說：「蛣蜣，蜣蜋。蠍，蛣。蠰，嚙桑。諸慮，奚相。蜉蝣，渠略。蛂，蟥蛢。蠸，輿父，守瓜。」把這些名稱排列在一起，顯然是認為牠們同屬一類。

蛣蜣就是現在的蜣螂，屬鞘翅目金龜子科。蠍又名蛣，是一種甲蟲的幼蟲。蠰一名嚙桑，可能是現在的嚙桑，屬鞘翅目天牛科。

諸慮和嚙桑同類，是甲蟲的一種。蜉蝣屬鞘翅目金龜子科的一種，名叫雙星蛂或角蛂。蛂一名蟥蛢，當是現在的金龜子，屬鞘翅目。蠸又名守瓜，是金花蟲一類的昆蟲，屬鞘翅目金花蟲科。

古人把這些甲蟲排列在一起，列為一類，可知他們已經有甲蟲類的概念。甲蟲在現在分類學上是鞘翅目的總稱。

《釋魚》所列舉的動物名稱有七十多種，種類比較複雜，其中以魚類為主，其次是兩棲類、爬行類、節肢動物、扁蟲類和軟體動物。

古人飼養動物場景

古籍《淮南子》

如果按照《爾雅》中「有足謂之蟲，無足謂之豸」的概念，把節肢動物、扁蟲類和軟體動物歸入蟲類，那麼《釋魚》所包含的動物相當於現代分類學上的魚類、兩棲類和爬行類，也就是所謂冷血動物。

《釋鳥》列舉的動物大約九十多種，除蝙蝠、鼯鼠應列入獸類外，其餘都屬鳥類，大致相當於現代分類學上的鳥類。

《釋獸》列舉的動物名稱大約有六十多種，都屬獸類，和現代分類學上的獸類同義。

在《釋獸》、《釋畜》篇中，有「寓屬」、「鼠屬」、「齸屬」、「鬚屬」、「馬屬」、「牛屬」、「羊屬」、「狗屬」、「豕屬」、「雞屬」等名稱。從各屬所包含的內容來看，這裡的「屬」，和現代分類學上「屬」的定義不盡相同。

比如，「馬屬」所包含的動物有馬、野馬，也有、等良馬，還有按毛色變異的不同而有不同名稱的馬達四十種之多，大抵是家馬和野馬兩類，相當於現代分類上的馬科。

再如，「鼠屬」 所包含的動物有十多種，大多屬現代分類上的嚙齒目。其他如「雞屬」，基本上和現代分類學上的雉科同義。

《爾雅》中的動植物名稱，在排列上是略有順序的，從它的排列順序，不難看出古代比較精細的分類認識。

古人在蟲、魚、鳥、獸古老的傳統分類認識的基礎上，又進一步把動物概括為大獸和小蟲兩大類，這是中國古代動物分類認識的又一發展。

根據和《考工記》差不多同時期的《周禮 · 地官》、《管子 · 幼官篇》、戰國末期的《呂氏春秋 · 十二紀》和漢初的《淮南子 · 時則訓》中的有關記載，大獸所包含的五類動物不是別的，而是羽、毛、鱗、介、裸。

青魚標本

動植物成為古人生存的必需品

羽，這類動物的形態特徵是「體被羽毛」。《考工記》的描述是嘴巴尖利，嘴唇張開，眼睛細小，頸項長，身體小，腹部低陷。因此，「羽屬」實際上是古老的傳統分類中的鳥類。

毛，古人往往把虎、豹、貔之類的動物稱為毛獸，也是因為牠們「軀體被毛」的緣故。這類動物實際上是傳統分類認識中的獸類。

鱗、介兩類是從古老的傳統分類的魚類中分化而來的。鱗，是因它「體被鱗甲」而得名的。一般是指魚類和爬行類。《考工記》認為小頭而長身，團起身體而顯得肥大，這正是「鱗」的形象描述。

介，是傳統分類認識中魚類的另一部分，就是龜鱉類。這類動物的軀體包裹在骨甲裡面，古人稱它為「介獸」。

至於裸屬，根據大量事實證實，指的是人類，相當於現代分類學上的人科動物。在古人看來，人的體外沒有羽、毛、鱗、介等附屬物，所以稱為「裸」，意思是裸體的，歸類研究就是人。

人科動物，屬靈長目類人猿亞目人超科。人類的學名是智人，是人科現存靈長目唯一的屬和種。人科也包括已滅絕的靈長目種群或譜系，但僅能根據化石遺存瞭解其情況。智人這個現代種可以說是哺乳動物中進化發展最成功的一個種。

上述五類動物在現代分類學上都同屬脊椎動物，因此「大獸」的含義自然也和現代分類學上的「脊椎動物」一詞同義。

小蟲之屬，是以動物的外部形態結構、行動方式以及發聲部位來區分的。

據《考工記》記載：骨長在外的，骨長在內的，倒行的，側行的，連貫而行的，紆曲而行的，用脖子發聲的，用嘴發聲的，用翅膀發聲的，用腿部發聲的，用胸部發聲的，這些都是小蟲類。

小蟲之屬所包含的內容，實際上是古老的傳統分類中的蟲類，相當於現代分類學上的無脊椎動物。比如，體外有貝殼的軟體動物，以兩翅摩擦成聲的昆蟲等。這是中國古代傳統分類認識的一次飛躍。

綜上所述，中國在三四千年前，就已經出現了古老的傳統分類認識，有了草、木、蟲、魚、鳥、獸的區分，又把動物分為大獸和小蟲兩大類。這是中國古代百姓的智慧結晶，是中國生物學史上的寶貴遺產。

閱讀連結

龍是中華民族的圖騰，既可騰空遨遊，又可隱形於草芥間。歷史上有許多關於龍的目擊紀錄。

比如：西元二一九年，黃龍出現在東漢時期武陽赤水，逗留九天後離去，當時曾為此建廟立碑。

西元一一六二年，有人發現一條龍出現在南宋太白湖邊，巨鱗長鬚，腹白背青，背上有鰭，頭上聳起高高的雙角，在幾公里之外都能聞到腥味。一夜雷雨過後，龍消失了。

其實，這些記錄即便屬實，牠也不是我們常說的龍，而是某種當時還不被人們認知的兩棲動物。

《禽經》記載的鳥類

《禽經》的作者是師曠，晉代文學家張華作注。師曠，字子野，冀州南和人，是春秋時期晉國的樂師，既是著名音樂家也是一位社會活動家。全文三千餘字，是作者在參閱前人有關鳥類著述的基礎上，總結了宋代以前的鳥類知識，包括命名、形態、種類、生活習性、生

禽類標本

態等內容。儘管其體例結構簡單，內容也稍嫌粗糙，但作為中國最早的一部鳥類分類學著作，仍有其較大的意義。

《禽經》作為中國同時也是世界上較早的一部文獻，對人們研究和玩賞鳥類都有參考作用， 它所提供的早期鳥類訊息， 更是無可替代。

相傳在很早以前，蜀國有個國王叫望帝。他愛百姓也愛生產，經常帶領四川人開墾荒地，種植五穀，把蜀國建成為豐衣足食的「天府之國」。

蜀國陶瓷

有一年，在湖北的荊州的一隻大鱉成了精靈，隨著流水從荊水沿著長江直往上浮，最後到了岷江。

當鱉精浮到岷山山下的時候，他便跑去朝拜望帝，自稱為「鱉靈」。

望帝是傳說戰國時蜀王杜宇，號望帝。望帝當國王的時候，很關心老百姓的生活，因此百姓對他十分擁護。後因水災讓位退隱山中，將帝位傳給叢帝，化作杜鵑，勸叢帝愛民，終因日夜悲鳴，淚盡繼而流血。後因用作杜鵑的別稱，望帝啼鵑。

望帝聽他說有治水的本領，便讓他做了丞相。

鱉靈將匯積在蜀國的滔天洪水，順著三點五公里長的河道，引向東海去了。蜀國又成了人民康樂、物產豐饒的天府之國。

望帝是個愛才的國王，他見鱉靈為人民立了如此大的功勞，才能又高於自己，便選了一個好日子，舉行了隆重的儀式，將王位讓給了鱉靈，這就是叢帝，而他自己隱居到西山去了。

叢帝，名鱉靈。在治水上，鱉靈顯示出過人的才幹。他帶領人民治理洪水，打通了巫山，使水流從蜀國流到長江，使水患得到解除，蜀民又可以安居樂業了。鱉靈在治水上立下了汗馬功勞，杜宇十分感謝，便自願把王位禪讓給鱉靈，鱉靈受了禪讓，號稱開明帝，又叫「叢帝」。

鱉靈做了國王，一開始做了許多利國利民的大好事，可是，後來居功自傲，變得獨斷專行起來。

消息傳到西山，望帝老王非常著急，決定親自進宮去勸導叢帝。百姓知道了這件事，便一大群一大群地跟在望帝老王的後面，進宮請願。

叢帝遠遠地看見這種氣勢，認為是老帝王要向他收回王位，便急忙下令緊閉城門，不得讓老帝王和那些老百姓進城。

杜鵑標本

望帝老王無法進城，覺得自己有責任去幫助叢帝清醒過來，治理好天下。於是，他便化為一隻會飛會叫的杜鵑鳥了。

那杜鵑撲打著雙翅飛呀飛，從西山飛進了城裡，又飛進了高高宮牆的裡面，飛到了皇帝御花園的楠木樹上，高聲叫著：「民貴呀！民貴呀！」

叢帝原來也是個聰明的皇帝，也是受四川百姓當成神仙祭祀的國王。他聽了杜鵑的勸告，明白了老王的善意，便像以前那樣體恤民情，成為了一個名副其實的好皇帝。

可是，望帝已經變成了杜鵑鳥，他無法再變回原形了，而且，他也下定決心要勸誡以後的君王要愛民。於是，他化為的杜鵑鳥總是晝夜不停地對千百年歸類研究來的帝王叫道：「民貴呀！民貴呀！」

由於以後的帝王沒有幾個聽他的話的，所以，他苦苦地叫，叫出了血，把嘴巴染紅了，還是不甘心，仍然在苦口婆心地叫著「民貴呀！」

後代的人都為杜鵑的這種努力不息的精神所感動，所以，世世代代的四川人，都很鄭重地傳下了「不打杜鵑」的規矩，以示敬意。

這個故事在《禽經》中也有記載。《禽經》進一步解釋說：「江左日子規，蜀右日杜宇，甌越日怨鳥。」又說，「杜鵑出蜀中，春暮即鳴，田家候之，以興農事。」

最早引出《禽經》的是宋代陸佃的《埤雅》，所以一般都認為該書可能是唐宋時期別人託名所作。但即使《禽經》作於唐宋時期，也仍然是中國最早的一部鳥類學著作，距今也已有八九百年的歷史。

其實，《禽經》不單是記載了杜鵑的情況，還有其他鳥類，比如鶚、鵬、鴰、魚鷹、鸕鶿、翡翠、錦雞、戴勝、黃鸝、鶴、鵜鶘、鸕鳩、伯勞、鷀鴒、鷚鴗等多種。這些鳥類大多數和現在所知種類相同。

《禽經》堅持以傳統的「物化說」來看待鳥類的變化發展。對鳥的命名繼承了傳統的命名法。

比如翡翠鳥、錦雞、山雞等。翡翠是中國古代一種鳥的名字，其毛色十分豔麗。通常有藍、綠、紅、棕等顏色，一般雄鳥為紅色，謂之「翡」，雌鳥為綠色謂之「翠」。

師曠（西元前五七二年至西元前五三二年）是春秋時期著名樂師，又稱「晉野」，山西洪洞人。他生而無目，故自稱「盲臣」、「瞑臣」。尤精音樂，善彈琴，辨音力極強，以「師曠之聰」聞名於後世。他藝術造詣極高，民間附會出許多師曠奏樂的神異故事。

翡翠鳥是一種很美麗的寵物，其羽毛非常漂亮可以做首飾。所以《禽經》記載「背有彩羽曰翡翠」。

鳥類標本

錦雞形狀像小雞、大鸚鵡，背部有黃、紅兩種紋理。雄鳥頭頂、背、胸為金屬翠綠色，雌鳥上體及尾大部棕褐色，綴滿黑斑。這些體態特徵，在《禽經》中被描述為「股有彩紋曰錦雞」。

山雞又叫「野雞」、「雉雞」。性情活潑，善於奔走而不善飛行，喜歡遊走覓食各種昆蟲、小型兩棲動物、穀類、豆類、草籽、綠葉嫩枝等。牠的顏色，在《禽經》中被描述為「尾有彩毛曰山雞」。

鴉，一種水鳥，「池鷺」。係典型涉禽類，體羽在胸、喉部白色，頭和頸栗紅色，背羽紫黑色。池鷺喜活動於沼澤、稻田、魚塘、湖泊河流的淺水處，在水中趟水行走覓食，棲息於竹林、樹林的枝幹中，有時三五隻小群活動。

《禽經》還以行為動作命名，如「鷙鳥之善博者曰鶚」等。鶚又叫「雎鳩」、「魚鷹」，屬於雕類。體形象鷹，呈土黃色，眼眶深陷，喜歡尋魚。會在水面上飛翔捕魚，生活在江邊。用盤旋和急降的方法捕食水中的魚。

《禽經》一書中記有六十餘種鳥類，其中有許多都是以往著作中所未提及的新增種類。比如鷗、白鷳、信天翁、白厥鳥等。

在《禽經》一書中，作者對鳥類的形態特徵、生活習性等都有記述。例如對黃鸝，就舉了幾個異名：「鶬鶊、黧黃、黃鳥也。亦名楚雀，亦名商庚，今謂之黃鸝。」並且解釋了有些異名的來歷。有利於人們的識別。

全書注重以生態記述為主。對鳥類的食性、築巢、育雛、遷徙等複雜行為，以及鳥類活動與環境的關係，記述非常詳細。

書中細緻地觀察了一些鳥類的棲息地，總結出一些帶有規律性的認識。如戴勝「樹穴，不巢生」，鳾「冬適南方，集於河幹之上……中春寒盡，故北向，燕代尚寒，猶集於山陸岸谷之間」，「山鳥岩棲」，「原鳥地處」等。

對不同鳥類在對季節氣象的反映也做了記載。如鷫鳥霜鳥「飛則隕霜」，鳶類「飛翔則天大風」，澤雉「啼而麥齊」，鷗「隨潮而翔，迎浪蔽日」。

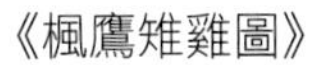
《楓鷹雉雞圖》

在書中還可看到，鳥因食性不同，也會導致其形態結構的差異。如「物食長啄」、「穀食短啄」、「搏則利嘴」、「鳴則引吭」。意是食肉的鳥嘴較長，食穀物的鳥嘴較短，善於搏擊的鳥嘴尖利，善於鳴叫的鳥脖子長。可見鳥類具有適應性，表明這是長期進化的結果。

由此，可以看出，《禽經》對鳥類的名稱、種類、形態特徵、生理活動、生活習性、生態表現諸方面都有比較廣泛而又深入的研究，頗有見地。可以稱是中國古代關於鳥類知識的一本小型的百科全書。

閱讀連結

據說唐代貞觀末年有個叫黎景逸的人，家門前的樹上有個鵲巢，他常餵食巢裡的鵲兒，時間久了，人鳥有了感情。

有一次黎景逸被冤枉入獄，令他備感痛苦。一天，黎景逸餵食的那隻鳥突然停在獄窗前歡叫不停。他暗自想大約有好消息要來了。果然，三天後他被無罪釋放。

原來，是喜鵲變成人，假傳聖旨，救了主人。

由於有這類故事的印證，喜鵲成為好運與福氣的象徵。牠還出現在《禽經》中，如書中記載：「仰鳴則陰，俯鳴則雨，人聞其聲則喜。」

南方動植物分類記載

自從秦漢時期嶺南、南越和閩越等南方地區納入朝廷統轄以後，生物資源也不斷傳入內地，開闊了內地學者的眼界，增添了他們的生物學知識。

中原歷代學者，用文字和圖形記錄了南方動植物的名稱、類別、形態、生活習性、地理分布和經濟價值等的「動物志」、「植物志」，是動植物學的基礎，也是開發和利用動植物資源的重要文獻。

南海人楊孚所著的《異物志》，成書於東漢，是現存最早的一部嶺南學術著作。

西元前一一一年，漢武帝在上林苑修建扶荔宮，將不少南方產的奇花異木種植在宮中。這些植物有菖蒲、山姜、甘蕉、留求子、桂、蜜香、指甲花、龍眼、荔枝、檳榔、橄欖、千歲子、柑橘等兩千餘種。

設色荔枝蟬鳴圖軸

上林苑是漢武帝劉徹於西元前一三八年在秦代的一個舊苑址上擴建而成的宮苑，規模宏偉，宮室眾多，有多種功能和遊樂內容，今已無存。上林苑既有優美的自然景物，又有華美的宮室組群分布其中，是包羅多種多樣生活內容的園林總體，是秦漢時期建築宮苑的典型。

扶荔宮是世界上最早有文字記載的溫室。雖然當時有的南方植物因南北水土氣候迥異而未能移植成功，但對於人們植物學知識的積累和植物新種馴化水準的提高都有巨大影響。

至東漢時期，內地的學者對南部邊陲的動植物資源有了更多的瞭解。伏波將軍馬援在從交趾回來時，便從當地帶回許多薏薏種子。另外，東漢朝廷還在嶺南設有「橘官」以貢御橘。

馬援（西元前十四年至西元四九年），字文淵，東漢開國功臣之一，扶風茂陵人，因功累官伏波將軍，封新息侯。新莽末年，天下大亂，馬援初為隴右軍閥隗囂的屬下，甚得隗囂的信任。歸順光武帝後，為劉秀的統一戰爭立下了赫赫戰功。天下統一之後，馬援雖已年邁，但仍請纓東征西討，西破羌人，南征交趾，即越南，其「老當益壯」、「馬革裹屍」的氣概甚得後人的崇敬。

漢武帝劉徹畫像

東漢時期，南方的物產，越來越受到人們的注意，一些旅行家和地方官員也開始對南方的奇花異果加以記載和描述，從而出現了各種「異物志」和「異物記」之類的著作。

這些「志」和「記」實際上就是對南方動植物資源的調查研究的成果。它具有一定的植物學水準。

中國最早的一部「異物志」是東漢時期學者楊孚作的《異物志》，他的著作又稱《南裔異物志》。

楊孚，字孝元，廣東南海人，生卒年不詳。他大約生活在東漢末年至三國吳時期，是嶺南歷史上第一位清正高官和最早的學者。

楊孚的《異物志》，記載了交州，也就是後來的廣東、廣西、越南北部一帶的物產風俗及民族狀況，雖非醫藥專著，但內容涉及藥用植物、動物，對研究早期嶺南藥物學有重要參考價值。

楊孚《異物志》內容主要包括地域、人物、職官類，如儋耳夷、金鄰人、穿胸人、西屠國、狼胭國、甕人、雕題國人、烏滸夷、扶南國、牂牁、黃頭人、朱崖、交趾橘官等。

草木類，如交趾稻、文草、鬱金、檳榔、扶留、益智、科藤、葭蒲、番薯、藿香、荳蔻、廉薑、巴蕉、香菅、龍眼、荔枝、榕樹、摩廚、栟櫚、木蜜、椰樹、蘼實、橄欖、桂、橘樹、杭梁、梓棪、始興南小桂、交趾草滋、枸櫞、木棉等。

鳥類，如翠鳥、鸕鶿、錦鳥、木客鳥、鷓鴣、孔雀、苦鳥。

獸類，如犺、猓然、豻、猦母、猩猩、鬱林大豬、日南貍、鼠母。周留、麏狼、通天犀、靈貍、白蛤。

鱗介類，如鯪鯉、蚺蛇、朱崖水蛇、玳瑁、蝦蜓、鼉風魚、蚌、鮫、鯪魚、魚牛、鯩魚、風魚、鹿魚、海豨、高魚、鯨魚。

礦物類，如磁石、玉、火齊、礁石等。

只可惜原書已佚，散見於後世徵引的內容中只有翠鳥、鸕鶿、孔雀、橘、荔枝、龍眼等幾種動植物，文字記載簡略。

漢代鳥類畫像磚

椰樹池塘

《異物志》開創了中國記載不同地區珍異物類的先河，自楊孚以後異物志類書籍愈來愈多。如三國吳人萬震在《南州異物志》中，介紹了椰樹、甘蕉、棘竹、榕、杜芳、摩廚等植物。從描述的內容看，萬震經過實地考察，對植物的描述細緻形象。

如書中對椰樹的習性、枝葉、果實及其皮肉構造都有客觀的描寫。他很恰當地將甘蔗歸於「草類」、「望之如樹」、「其莖如芋」。

對其棵大、葉長也有初步定量的描述。花的形狀、大小和顏色則用類比，果實的數量、根的形態，以及各品種果實形狀的差異和味道的優劣，莖皮纖維的用途等都加以討論。

這樣的認識集中地體現了當時人們辨識植物特徵的角度和方式。書中注重用途的記述，說明人們認識植物的目的是為了更好地利用植物。

三國時期吳國丹陽太守沈瑩所記的方物志《臨海異物志》，主要記載吳國臨海郡，即現在的浙江省南部和福建省北部沿海一帶的風土民情和動植物資源。此著作有相當部分的內容是記載動植物資源的。

《臨海異物志》記述了近六十種魚，四十多種爬行動物和貝殼動物，二十餘種鳥，二十多種植物。

記載大多比較簡要，動物一般記述某部分顯著特徵和生活節律，以及在物候方面的觀察經驗。在記有的二十多種植物中，大部分是果樹，主要記述果實的形狀、味道、釋名等。

植物狼把草

除了「異物志」這一名稱的著作外，還有其他一些與生物學有重要關係的方物、地記著作，這些著作多見於兩晉南北朝時期。如嵇含的《南方草木狀》、徐衷的《南方草物狀》、裴淵的《廣洲記》等。其中的《南方草木狀》，是開發和利用動植物資源尤為重要的文獻。

嵇含（西元二六二年至三〇六年）是西晉時的文學家及植物學家，他所著《南方草木狀》，是中國現存古代最早的植物學文獻之一，將別人講述的嶺南一帶的奇花異草，巨木修竹，筆記下來，整理、編輯而成。是世界上最早的區系的植物志。

《南方草木狀》主要記載廣東省番禺、南海、合浦、林邑等地的植物。它是中國古代第一部記述南方植物的著作，也是世界上現存最早的地方植物志。

漢代耕作場景

這部書共分三卷：卷上敘述草類，有甘蕉、耶悉茗、茉莉花、荳蔻花、鶴草、水蓮、菖蒲、留求子等二十九種；卷中敘述木類，有榕、楓香、益智子、桂、桄榔、水松等二十八種；卷下敘述果類和竹類，果類有荔枝、椰、橘、柑等十七種，竹類有雲丘竹、石林竹、思摩竹等六種。全書共記述植物八十種。其中大多數是亞熱帶植物。

《南方草木狀》依據植物的生物學特性，描述了它們的形態、生活環境、用途和產地等，文字相當生動簡練。如書中說：「椰樹，葉如栟櫚，高六七丈，無枝條。其實大如寒瓜，外有粗皮，次有殼，圓而且堅，剖之有白膚，厚半寸，味似胡桃，而極肥美有漿……」寥寥幾句話，把椰樹的形態和果實等描述得歸類研究相當逼真。

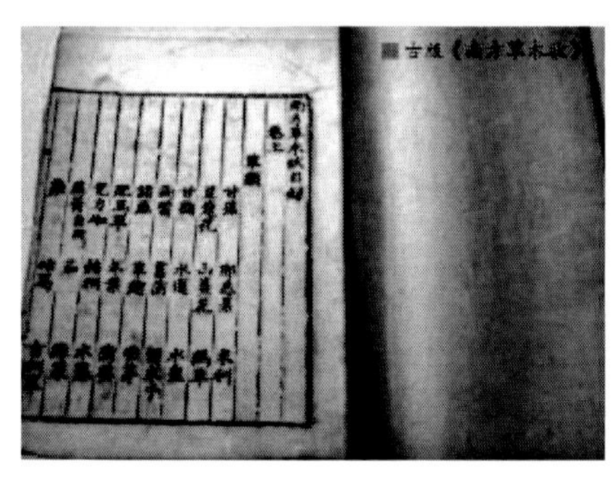

古版《南方草木狀》

《南方草木狀》還首次記載了中國百姓利用益蟲防除害蟲的生物防除法。

書中介紹，當時廣東一帶栽培的柑橘有很多害蟲，種柑橘的人普遍知道用一種螞蟻來防除。這種螞蟻能在樹上營巢，專吃柑橘樹上的害蟲，因此經常有人從野外捉這種螞蟻來賣給管理果園的人，把其作為一種職業。

從《南方草木狀》還可以看出，中國早在三國時期就已開始出現實物繪圖。書中「水蕉」條說：「水蕉如鹿葱，或紫或黃。吳永安中，孫休嘗遣使取二花，終不可致，但圖畫以進。」

看來當時的植物圖已能真實地反映植物的性狀，為後世鑑定植物學名提供了依據。

《南方草木狀》對中國古代植物學的發展有比較大的影響。宋代以後，曾被許多花譜、地志所徵引，特別是後世本草學著作引用更多。這部書還傳播到國外，被認為是中國最早的植物學著作，是解決植物學若干問題的重要文獻之一。

漢代以後出現的這許多地方志、記，不但內容新穎，詳實可據，而且涉及面廣，敘述水準高，極大地開闊了人們的眼界。它們的傳播對於中國南方地區的人民認識和利用這些生物資源有重要的作用。

和上述偏重記載某一地區物產的著作不同，中國古代還出現一些全國性的物產志。這些物產大多與生物有關，在生物學史上占有一定的地位。

漢代割麥圖

在這些泛記全國各地物產的「志」中，以西晉時期郭義恭《廣志》影響最大。記有全國特別是經開發後東南和西南以及漠北傳入的各類有用植物、動物等。原書也已散佚，經後人輯出的有兩百六十多種。大部分與動植物有關，包含大量詳實切用、值得珍視的生物學資料。

《廣志》對生物產品的記載，包括名稱、產地、形態、生態、習性、用途等。

其中記述的動物有宛鶉、雉鷹、兔鷹、野鴨等；植物則有粱、秫、各種粟、稻、豆、麥等糧食作物，薇蕪、蕙、萡、地榆等藥物，藍草、紫草等染料，棗、桃、櫻桃、葡萄、李、梅、杏、梨、柔、柿、安石榴、甘、荔枝、栗、木瓜、枇杷、椰、鬼目、橄欖、龍眼樹、益智子、桶子、榠查、蒟子、芭蕉、胡桃、枳櫃等果樹，桂和木蜜等香料，姑榆、楖榆等用材木。

賈思勰，生卒年不詳，南北朝時期北魏農學家。所著《齊民要術》系統地總結了六世紀以前黃河中下游地區農牧業生產經驗、食品的加工與貯藏、野生植物的利用等，對中國古代漢族農學的發展產生有重大影響。《齊民要術》是中國現存的第一部系統農書，在中國農業史上占有重要地位。

《廣志》對經濟作物的描述較重視生長節律，器官顏色，果實大小、構造、風味等。

比如書中對荔枝是這樣描述的：「樹高五六丈，如桂樹。綠葉蓬，冬夏鬱茂，青華朱實，實大如雞子，核黃黑，似熟蓮子，實白如脂，甘而多汁，似安石榴，有甜酢者。夏至日將巳時，翕然俱赤，則可食也。一樹下子百斛。」

夏至是二十四節氣中最早被確定的節氣。西元前七世紀，先人採用土圭測日影，就確定了夏至。夏至這天，太陽直射地面的位置到達一年的最北端，幾乎直射北迴歸線，此時，北半球的白晝達最長，且越往北越長。夏至，不僅是一個重要的節氣，還是中國民間重要的傳統節日。夏至是中國最古老的節日之一，有一種觀點認為傳統節日中的端午節就是源自夏至節。

作者還注意比較不同產地的各種物產品質的優劣。這方面的記載，對中國園藝學的發展有重要意義。《廣志》一書，記載真實、描述準確，對後世有一定影響，曾被北魏農學家賈思勰《齊民要術》及歷代的本草著作大量引用。

閱讀連結

西漢上林苑可稱得上是一個龐大的離宮組合群，用以供帝王休息、遊樂、觀魚、走狗、賽馬、鬥獸、欣賞名花異木。

上林苑有引種西域葡萄的葡萄宮，有養南方奇花異木如甘蕉、蜜香、龍眼、荔枝、橄欖等的扶荔宮。據文獻記載，當時自各地移來的奇特花木多達兩千餘種，表明當時中國的園藝技術已達到很高水準。

作為山水的意象，上林苑自然還拓有河池，如昆明池、鎬池、祀池、麋池、牛首池、蒯池、積草池、東陂池、當路池、大一池、郎池等。

藥用動植物分類研究

自從有了生產活動，百姓就開始累積起使用藥物治療疾病的經驗。歷代生產者在採集藥物的過程中，逐漸加深了對動植物的生態環境、形態特徵、藥用性質等的認識，形成中國古代獨具特色的本草學。在中國古代典籍《神農本草經》、《名醫別錄》、《新修本草》等著作中，都有關於藥用動植物的記載。它們是中國傳統生物學的主要組成部分。

傳說神農是農業和醫藥的發明者，他遍嚐百草，有「神農嚐百草」的傳說，被世人尊稱為「藥王」。

神農帝畫像

遠古的時候，人們吃野草，喝生水，食用樹上的野果，吃地上爬行的小蟲子，所以常常生病、中毒或是受傷。神農帝為這事很犯愁，決心嚐百草，定藥性，為大家消災祛病。

有一回，神農的女兒花蕊公主病了。茶不思，飯不想，渾身難受，腹脹如鼓，怎麼調治也不見輕。神農就抓一些草根、樹皮、野果、石頭共十二味，招呼花蕊公主吃下。

《神農採藥圖》

花蕊公主吃了那個藥以後，肚子疼痛如絞。沒多長時間，就生下一隻小鳥。這可把人嚇壞了，都說是個妖怪。神農卻認為這隻玲瓏剔透的小鳥是寶貝，還給牠起個名字叫「花蕊鳥」。

神農又把花蕊公主吃過的十二味藥分開在鍋裡熬。熬一味，餵小鳥一味，一邊餵，一邊看，看這味藥到小鳥肚裡往哪走，有啥變化。

神農還親口嘗一嘗，體會這味藥在自己肚裡是啥感覺。十二味藥餵完了，嘗妥了，神農觀察到藥物一共走了手足三陰三陽十二經脈。

十二經脈是經絡系統的主體，具有表裡經脈相合，與相應臟腑絡屬的主要特徵。包括手三陰經和三陽經，足三陽經和三陰經，也稱為「正經」。十二經脈透過手足陰陽表裡經的連接而逐經相傳，構成了一個周而復始、如環無端的傳注系統。

神農托著這隻鳥上大山，鑽老林，採摘各種草根、樹皮、種子、果實；捕捉各種飛禽走獸、魚鱉蝦蟲；挖掘各種石頭礦物，一樣一樣地餵小鳥，一樣一樣地親口嘗。觀察體會它們在身子裡各走哪一經，各是何性，各治何病。

神農炎帝故居

天長日久，神農就制定了人體的十二經脈和《本草經》。

有一次，神農手托花蕊鳥來到太行山的小北頂，捉到一隻很特別的蟲兒餵小鳥。沒想到這蟲毒氣太大，一下把小鳥的腸毒斷了。神農極為悲痛，大哭了一場。

哭過之後，選了一塊上好木料，照樣刻了一隻鳥，走哪帶哪。

後來，神農在小北頂兩邊的百草窪，誤嘗了斷腸草，中毒去世了。

「斷腸草」並不是一種植物的學名，而是一組植物的通稱。在各地都有不同的斷腸草，那些具有劇毒，能引起嘔吐等消化道反應，並且可以讓人斃命的植物似乎都可以叫「斷腸草」。在這些有毒植物之中，名氣最大的當屬馬錢科鉤吻屬的鉤吻了。.

在百草窪西北的山頂上，有一塊像彎腰摟肚的人一樣的石頭，人們都說是神農變的。

為了紀念神農創中醫、製本草，人們把小北頂改名為了「神農壇」，並在神農壇上修建了神農廟。廟裡塑了神農像，左手托著花蕊鳥，右手拿著藥正往嘴裡送。

現在，每天都有很多人觀看神農壇風光，瞻仰神農塑像。

「神農嚐百草」是久經流傳的故事。其實，這裡的神農就代表了中國古代研究動植物藥用價值的人們。古代人們在長期的生產實踐中，對藥用動植物的研究取得了豐富的經驗。這些知識，就被記錄在古籍之中。

中國最早的本草學著作是《神農本草經》。它約成書於東漢時代。全書記載藥物三百六十種左右，植物藥占大部分，約為兩百五十種，動物藥近七十種。書中將藥物按其性能、療效分為上、中、下三品。這是一種藥物的功能分類，不是用於生物的分類。這種分類法比較簡單。

《神農本草經》對每種藥物的描述包括別名、生長地、性味、主治、功能等。其中大部分證明確有療歸類研究效，比較真實地反映了這些動植物藥效的情況。

神農雕塑

如「上品」中的人蔘、甘草、乾地黃、山藥、大棗、阿膠等常用補藥；「中品」中的乾薑、當歸、麻黃、百合、地榆、厚樸等都是補虛治療的有效藥物；「下品」中的巴豆、桃仁、雷丸也是利水、活血、殺蟲的有效藥。

這說明該書的記載是人們長期認識和實踐的產物，具有較高的科學價值。

百合的主要應用價值不僅在於藥用，有些品種還可作為蔬菜食用和觀賞。其有「百年好合」、「百事合意」之意，中國人們自古視其為婚禮上的必不可少的吉祥花卉。受到這種花祝福的人具有清純天真的性格，集眾人寵愛於一身。不過光憑這一點並不能平靜度過一生，必須具備自制力，抵抗外界的誘惑，才能保持不被汙染的純真。而關於百合這個名稱的來歷還有一個古老的傳說呢！

說早年間在四川一帶有個國家叫蜀國。據說國君與皇后恩愛有加，生了一百個王子。在國君與皇后年事漸高以後，國君又娶了一個年輕貌美的妃子。這妃子入宮後第二年就給老國君生了一個小王子。

國君老年得子，十分高興，倍加寵愛。而王妃的想法可不一樣，她想到的是自己生的這個小王子若是繼承王位，是怎麼也鬥不過皇后生的那一百個王子的。於是她就向國君進讒言，說皇后教唆著那一百個王子要造反。誰知國君竟信以為真、不辨是非，就下令將皇后和一百個王子驅趕出境。

蜀國的鄰國叫滇國。滇國本來就對蜀國虎視眈眈，想侵占蜀國土地，現在見蜀國國君如此昏庸無道，居然連自己的親生兒子都趕出國境，認為時機已到，便馬上發兵攻打蜀國。

蜀國本來國力是非常強盛的，但文武大臣們自從見到國君寵幸王妃，聽信讒言、趕走皇后和王子，也都人心渙散，都不願為他效力了。所以當滇國的軍隊攻城奪池時，很快就逼近蜀國國都了，形勢萬分危急。

國君在束手無策之際，只好親自督陣。可是他的年歲大了，體力不濟；再加上威信喪失，軍隊中人人只顧自保性命，無人肯衝鋒陷陣。正在這時，國君忽然看見遠遠來了一隊人馬，人數不多，卻英勇異常，直奔入敵人陣營，一陣猛衝猛殺，竟然把敵軍殺得人仰馬翻，剩下的少數幾個也狼狽逃竄而去。待到國君帶領著軍隊迎上前去，才看清楚原來這一支彷彿從天而降的援軍，竟然是被自己驅逐出宮的一百個王子，以及他們帶領的家臣們。

當時，國君又高興又慚愧，激動得不知說什麼才好。這時一位老臣趕上前來，對國君說：「皇上，家和萬事興呀。你該把皇后和王子們都接回來，一家人團團圓圓才能安家興國。」

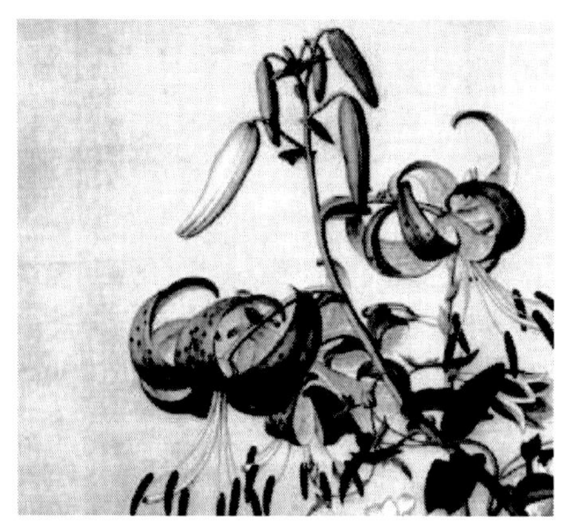

古畫百合牡丹圖

大王子說：「父王，請您放心，母后一貫教導我們要團結一心，共同扶佐父王，更要我們善待王妃與小弟。我們一百個兄弟永不分離，一定要幫助父王共同治理國家。」

國君老淚縱橫，激動得說不出話來。以後當然是接回了皇后和一百個王子，王妃也知錯認錯了。蜀國從此更強盛發達了。

不久，奇事發生了。在王子們當年與敵軍作戰的高山林下，不知不覺地長出了一種奇異的植物。後來，人們根據它的地下莖層層疊合的特點，並聯想到百子合力救蜀王的故事，便給它取了一個象徵兄弟團結意義的名字「百合」，意在讚美百子的美德。

《神農本草經》對中國古代本草學的發展有著深遠的影響。在隨後幾個朝代的大型綜合本草著作都收錄了它的全部內容。其他一些學術著作如《博物志》、《抱樸子》等也多見引用。它為中國本草學的發展奠定了基礎。

《神農本草經》成書後，漢代末期一些醫學名家在此基礎上，補記藥物功用，新添藥物種類而輯成了《名醫別錄》，對藥物的記述包括正名、別名、性味、有毒、無毒、主治、產地、採收時節等。它反映了人們對藥物認識的增進。

值得注意的是，《名醫別錄》開始有一些藥用植物的形態描述。比如：記石脾，有「黑如大豆，有赤紋，色微黃而輕薄」；記木甘草，有「大葉如蛇狀，四四相值，拆枝種之便生」等記述。對植物葉的營養繁殖情況作了初步的描述。

《名醫別錄》對植物藥的鑑別也有些簡單的記載。如鉤吻「折之青煙出者名固活」等。本書一般都指明藥物的主產地，如「薫實，生魯山」等。

百合化石

《名醫別錄》記載的藥用動植物的別名也比《神農本草經》中記載的多，如貝母、沙參等。《神農本草經》只記有它們的一個別名，而《名醫別錄》則記有五六個別名。這些在古代生物學發展史上具有重要意義。

《名醫別錄》之後的重要本草著作是南朝時期陶弘景的《本草經集注》。陶弘景著手整理了《神農本草經》中的三百六十五種藥物，又把《名醫別錄》中採用了的三百六十五種藥物添上，編成了這部三卷收載藥物七百三十種的著作。

《本草經集注》總結了魏晉以來本草學的發展成就，補充了許多新的內容。對藥物的產地、藥用部分的形態、鑑別方法、性味、採摘時間和方法等都有更詳細和確切的記述和觀察。

從現存的資料看，該書對藥用植物的形態鑑別很重視，尤其是對果實的鑑別。如書中寫道：「術有兩種，白朮葉大有毛而做椏，根甜而少膏，可做丸散用；赤術葉細無椏，根小，苦而多膏，可做煎用。」

又如桑寄生，陶弘景指出，它「生樹枝間，寄根在皮節之內。葉圓青赤厚澤。易折，傍自生枝節，冬夏生，四月花白，五月實赤，大如小豆。今處處皆有之，以出彭城為勝」。這裡對桑寄生的形態、花期、習性、性味，都作了描述。

雖然陶弘景對各種動植物的描述也存在有許多不確切之處，但在本草系統中，《本草經集注》是比較注重藥用動植物形態，並用之於生藥鑑別的。這在植物學知識的積累和傳播方面都很有價值。

古版《爾雅》

《本草經集注》突破了《神農本草經》上、中、下三品分類法，參考了《爾雅》的動植物分類模式，先將藥物分成玉、石、草木、蟲獸、果、菜、米食、有名未用等八類，然後在每類中再分為上、中、下三品。這種分類一直為唐宋時期的大型本草著作沿用。

陶弘景（西元四五六年至五三六年），號華陽居士，丹陽秣陵人，現江蘇南京。南北朝時期著名的醫藥家、煉丹家、文學家，道士，人稱「山中宰相」。作品有《本草經集注》、《二牛圖》等。他堪稱得上是中國醫藥學史上對本草學進行系統整理，並加以創造性地發揮的第一人。

唐代流傳的《本草經集注》已經顯現了它的侷限性，有許多北方藥物他不能得見。再加上經過多年的流傳，傳抄謬誤不少，遠遠不能滿足社會的需要，本草學急需加以總結提高。

於是，在全國統一後，朝廷決定編撰一部新的著作，以滿足社會需求的條件已經成熟。

西元六五九年，由朝廷組織力量編修的《新修本草》完成。一些學者認為這是世界上最早由國家頒布的藥典，它反映了當時的本草學水準。

中草藥

《新修本草》繼承了《本草經集注》的分類方法，將所載的藥物分為玉石、草、木、獸禽、蟲魚、果、菜、米穀、有名未用等九部類。然後再將每部類分為上、中、下三品。

其中草部有藥兩百五十六種，木部一百種，獸禽部五十六種，蟲魚部七十二種，果部二十五種，菜部三十七種，米穀部二十八種，有名未用一百九十三種。

新增的一百餘種藥中有九十五種是生物藥，分別是草四十種、木三十一種、獸禽九種、蟲魚六種、果兩種、菜七種，如薄荷、鶴虱、蒲公英、豨薟、獨行根、劉寄奴、鱧腸、蓖麻子等都是本書新增的。

本書還記載了二十多種外來藥，其中有安息香、阿魏、龍腦香、胡椒、訶黎勒、底野迦等。

以往本草著作往往只注重藥物功能、產地及名稱的辨別，略於藥物形態的描述，並且沒有附圖。而《新修本草》除了對每種藥物的性味、產地、採收、功用有詳細的說明外，還特別注意對動植物藥材的形態描述，並附有《藥圖》和《圖經》。這對於人們認識藥用動植物非常有用，具有較高的生物學價值。《新修本草》剛修成發行就對社會上的醫生有很大的影響。名醫孫思邈即在自己的著作《千金翼方》中抄錄了《新修本草》的目錄和正文。

《新修本草》是唐代醫學生的必修書之一。後來還被來華的「遣唐使」帶回日本，對日本本草學的發展有很大的促進作用。

除上述綜合型的本草之外，唐代還出現一些特色鮮明的本草著作。約成書於七世紀末或八世紀初的《食療本草》，就是其中之一。

《食療本草》中記述了人們最近食用的蔬菜如牛蒡子、莧菜等。新引入的蔬菜有白苣、菠菜、莙薘、小茴香等。這些都反映了唐代在培育、引種馴化栽培植物方面的進展。

唐代海外交通發達，中土與波斯的商業交往頻繁，透過波斯商人輸入的芳香藥物很多，給人們增長了不少新的藥用動植物知識。

據唐人李珣《海藥本草》記載，這些藥物包括瓶香、宜男草、藤黃、返魂香、海紅豆、落雁木、奴會木、無名木、海蠶、郎君子等數種不見於以前書籍記載的藥物。

兩宋時期，隨著經濟的逐漸恢復，科學也日益發展。本草學在經歷了唐代的發展以後，在宋代又逐漸形成了一個新的發展高峰，產生了《日華子本草》、《開寶本草》、《嘉麻本草》、《圖經本草》及後來的《證類本草》和《本草衍義》等重要本草著作。

它們的出現，標誌著中國傳統生物學的重大進展。其中的《圖經本草》成就最高，影響也最大。

《圖經本草》作者是天文學、機械製造及本草學家蘇頌，他是中國歷史上著名的科學家。這部書的顯著特點是有大量的藥物圖，並結合圖對藥物進行解說，在生物形態學方面有很高的價值。

《圖經本草》對生物的描述文字生動，考證詳明，總的說比前人更富於啟發，辨異性更高明、更準確，有很大的進步。

在描述植物方面，書中舉的類比植物一般都注意到形態相似，還時常用寸、尺、丈等衡量單位勾勒出植物的高低，給人以形象的概念。

對植物葉的葉緣、葉脈、葉的節律性開合，莖的形態，各種花的花冠和花序的形狀，果實的形狀等，大多有較詳細的描述。所用的果實術語如房、罌子、莢、豆在古代植物學發展史上也很有影響。

孫思邈（西元五八一年至六八二年）是唐代著名的醫師與道士，生於唐代時京兆華原，即今陝西省銅川市耀州區。作品有《千金方》、《千金要方》等。是中國乃至世界史上偉大的醫學家和藥物學家，千餘年來一直受到人們的高度評價和崇拜。被後人譽為「藥王」，許多華人奉之為「醫神」。

《圖經本草》一書還注意記述各種藥用植物由於產地不同或野生和家種的差異，有效成分也有很大的不同，反映了人們對植物與環境關係的某種認識。並表明當時藥用植物的栽培已相當普遍，同時具有一定的水準。在對藥用動物的描述方面，《圖經本草》中一些出色的記述反映了當時的水準。書中對動物的描述包括動物分布區域、生態習性、形態特徵、行為特點和繁殖情況等，記述全面。《圖經本草》在傳統生物學上起著重要的承前啟後作用。作者在考察、描述藥用動植物時，不僅借鑑了歷代有名的本草著作，而且還參考了有關生物記述、註釋的作品。

蘇頌（西元一〇二〇年至一一〇一年），福建泉州人。宋代天文學家、天文機械製造家、藥物學家。他幼承家教，勤於攻讀，深通經史百家，學識淵博。蘇頌作為歷史上的傑出人物，其主要貢獻是對科學技術方面，特別是醫藥學和天文學方面的突出貢獻。

應該說蘇頌的工作是在前人的基礎上進行了大量的充實和發展，也可以說是蘇頌對前人有關藥用生物學工作的初步總結。它對後來生物學和醫藥學的發展都有很深的影響。

宋代藥物學家寇宗奭編著的《本草衍義》，在生物觀察、糾正前人的不實之詞方面顯示了較高水準。

寇宗奭是宋代藥物學家，政和年間任通直郎。於本草學尤有研究，尤重視藥性之研究。歷十餘年，採拾眾善，診療疾苦，和合收蓄之功。撰《本草衍義》二十卷，是重要的本草藥典，在歷史上占有一定地位，影響較大。

在動物方面，寇宗奭透過實地觀察，證實前人所謂有三足蝦蛛和鸕鷀繁殖時「口吐其雛」的說法都屬無稽之談。

在植物方面，寇宗奭能抓住植物的一些具體特徵去辨別。如用莖和葉脈之間的不同，區分蘭和澤蘭。對寄生植物如菟絲子和桑寄生根的生長方式有出色的觀察。對植物生長、發育、生殖、分布現象都加以關注和探索。

他注意到百合的珠芽，指出這種「子」不生長在花中，對這種不花而「實」的現象表示困惑。

寇宗奭還仔細地比較了植物鬚根與塊根的形態差別。他曾透過簡單的解剖實驗來加深對花的認識；觀察到今天稱之為無限花序的一些特徵。

在種子的傳播和植物營養繁殖方面，寇宗奭也做過細緻的觀察。如書中「蒲公草」條說：「四時常有花，花罷作絮，絮中有子，落處即生。所以庭院亦有者，蓋因風而來也。」

唐代藥鋪

在「白楊」、「景天」等條下，他記述了這些植物的營養體極易生此外，指出這是它們容易繁殖發展的原因。

此外，《本草衍義》還記述了不少生物節律現象、性別知識等，這些古代植物學發展史上都有深遠的影響

從上述唐宋時期以前的藥用生物學來看，其成就是很高的，對中國古代博物學的發展有極深遠的影響。至後來的明清時期，這方面的影響。研究更有了新的發展。

閱讀連結

「本草待詔」是漢代的醫官名。指不在宮中專門任職，當宮廷需要時應詔進宮處理有關本草事宜的醫官。

「本草」一詞最早出現於漢代《漢書 · 郊祀志》中。古代用藥以植物藥為主，所以記載藥物的書，就稱之為「本草」。

據《漢書 · 平帝紀》記載，西元五年，漢平帝劉衎曾徵如天文、歷算、方術、本草等教授者來京師。由此可見，中國早在西漢時期，已經開始徵集人力整理、研究和傳授本草了。

園林類植物的研究

中國造園有著悠久的歷史，隋唐宋時期是園林建造異常興旺的一個時期。園林的發展也帶來對園林植物認識的深入和研究的繁榮。

大規模收集園林植物和珍稀動物來布置園圃，客觀上對人們集中認識這些動植物生活規律具有重要作用，有利於動植物引種馴化經驗的積累和園林藝術水準的提高。

據記載早在商周時，就已開始利用自然的山澤、水泉、鳥獸進行初期的造園活動。

唐代銀杏樹

隋煬帝楊廣即皇帝位後，修建了洛陽西苑，其苑甚是宏偉，據說周長達一百四十多公里。

隋煬帝楊廣（西元五六九年至六一八年）是隋朝的第二個皇帝，隋文帝楊堅、獨孤皇后的次子，西元五八一年立為晉王，西元六百年立為太子，西元六〇四年繼位。他在位期間修建大運河，營建東都洛陽城，開創科舉制度，親征吐谷渾，三征高句麗，因為濫用民力，造成天下大亂，直接導致了隋朝的滅亡。

隋煬帝三下江南，他在全國範圍內收集奇花異卉和一些珍禽異獸，將它們種植和養殖在園圃中。

唐代的大型皇家園林，基本是沿用隋代的。這一時期的許多官僚有頗具規模的私園，其中也引種有大量的觀賞植物。

唐初宰相王方慶的《庭園草木疏》一書專記載園林植物。這本著作久已失傳，現在一些叢書所收的寥寥數條，顯然是從《酉陽雜俎》中抄來的。

王方慶是唐代宰相，東晉時期宰相王導的後裔，雍州咸陽人，就是現在的陝西省咸陽。王方慶酷愛書法，又兼王羲之後人，對書法自有一番建樹，著有《王氏八體書範》、《王氏工書狀》等。

在王方慶《庭園草木疏》的啟發下，中唐宰相李德裕根據自己的私園平泉莊，寫下了《平泉山居草木記》一書，堪稱為平泉莊的「植物名錄」。

平泉莊是李德裕在洛陽城外約十五公里處營造的一座私園。

李德裕出身世家，一生酷愛嘉樹芳草、奇石。他營建這座園林時，費盡心機收羅植物名品，以期傳流後世，陶冶子孫的情操，增加他們的博物學知識。

據乾寧年間崇文館校書郎康駢《劇談錄》記載，平泉莊「卉木台榭，若造仙府」。李德裕是當時的權臣宰相。「遠方之人，多以異物奉之」。

據李德裕他自己的記載，園中有金松、琪樹、香檉木、四時杜鵑、碧百合等上百種。這些植物主要都是來自於江浙、湖廣一帶，大多是園林珍品，以木本植物為主。收羅之全面，也稱得上窮極天涯，令人嘆為觀止。

即使是後世的名園，也很少能在收集珍品植物方面望其項背。

經過唐代的積累，宋代人對園林植物的瞭解、認識更為具體和深入。不但各園記載有大量的植物，而且出現了許許多多的園林植物專譜。其中一些有較高的植物學價值。

向全國徵集園林植物的做法，在宋徽宗時達到登峰造極的地步。

宋徽宗（西元一〇八二年至一一三五年）是宋代第八位皇帝。趙佶先後被封為遂寧王、端王，在位共計二十五年，國亡被俘受折磨而死，終年五十四歲，葬於永佑陵，位於現在的浙江省紹興市柯橋區東南。他自創了一種書法字體，被後人稱之為「瘦金書」。

據宋徽宗所寫《御製艮岳記》等文獻記載，宋徽宗在營建艮岳時，不但仿照自然山水疊成各種山岩溝壑，造就許多亭榭樓閣，而且還派官吏到全國各地收集觀賞植物和珍奇動物。

宋徽宗從南方等地移來的植物中有枇杷、橙、柚、橘、柑、荔枝、金蛾、玉羞、虎耳、鳳尾、素馨、茉莉、含笑等。在這個巨大的皇家苑囿中，造園者別出心裁地開闢專圃種植植物和放養動物。

有植梅萬棵，芬芳馥郁的萼綠華堂。人工湖上，鳧雁浮泳水面，棲息石間，不可勝計。水邊還種有大片蒼翠蓊鬱的竹林。

艮岳西部的藥寮，人蔘、白朮、枸杞、菊花、黃精、芎等生長茂盛。仿農舍的西莊，種植有常見的農作物和一些觀賞的攀援植物，頗有鄉居風味。在蜿蜒的山腰上，密植青松，號為「松嶺」。

李德裕（西元七八七年至八五〇年），唐代中期著名的政治家、詩人。他與其父李吉甫均在唐文宗和唐武宗時期兩度為相。執政期間外平回鶻、內定昭義、裁汰冗官、協助武宗滅佛，功績顯赫。據説李德裕發明了中國象棋。

可以看出，這裡的植物安排非常注意模仿自然，但更精練和概括，突出體現了中國自然山水園林的藝術特點。其中也包含著建園者對植物生態習性和生理特徵的深刻理解。

人蔘

北宋文學家李格非《洛陽名園記》一書，記有大量私園中所栽植植物的情況。

李格非（約西元一〇四五年至約一一〇五年）是山東濟南歷下人，北宋時期文學家，女詞人李清照之父。所著《洛陽名園記》是有關北宋時期私家園林的一篇重要文獻，對所記諸園的總體布局以及山池、花木建築所構成的園林景觀描寫具體而詳實，可視為北宋時期中原私家園林的代表。

如「天王院花園子」沒有什麼園亭建築，但卻種了幾十萬棵牡丹；「李氏仁豐園」中種有眾多的各類花木，園主的嫁接技術很高，可以「與造化爭妙」，園中「桃李梅杏蓮菊各數十種；牡丹芍藥至百餘種」，還有「紫蘭茉莉瓊花山茶之儔」；「歸仁園」種植大量的牡丹、芍藥、竹和桃李；「叢春園」是以桐、梓、檜、柏等喬木為主，環溪栽種各類花木和松檜。

從書中的記述可以看出，當時洛陽不但薈萃了大量的花木，而且引種、栽培、嫁接的水準都很高，所以一些南方的植物如茉莉、山茶等才能在那裡生長。

花園景觀

隨著洛陽園林的興盛，宋代還出現專記這裡花木的著作。著名的有周師厚的《洛陽花木記》和歐陽修的《洛陽牡丹記》。

《洛陽花木記》列舉了各種花的花色，記牡丹一百零九種，芍藥四十一種，雜花八十二種，各種果子花一百四十七種，刺花三十七種，草花八十九種，水花十九種，蔓花六種。

在記載花品之後，又載有四時變接法、接花法、栽花法、種子法、打剝花法、分芍藥法等篇。記述很詳盡。

《洛陽牡丹記》分三篇：

一是《花品敘》，列出牡丹品種有二十四個。指出了牡丹在中國生長的地域，並認為「出洛陽者今為天下第一」。

二是《花釋名》，解說花名由來：「牡丹之名或以氏或以州或以地或以色或族其所異者而志之。」

列舉了各品種的來歷和主要的形態特徵，說珍貴的品種姚黃、魏花被尊之為「花王」、「花后」。花型已有單葉型、千葉型的區分；

花色已有黃、肉紅、深紅、淺紅、朱、砂紅、白、紫、先白後紅等。並記述了牡丹由藥用本草擴展為花卉觀賞的歷程。

三是《風俗記》，記述洛陽人賞花、種花、澆花、養花、醫花的方法；並說為將花王送到開封供皇帝欣賞，採用了竹籠裡襯菜葉及蠟封花蒂的技術。

洛陽牡丹記石刻

除上述兩書外，宋代關於園林動植物的其他著作還有：蔡襄的《荔枝譜》、陳翥的《桐譜》、劉攽的《芍藥譜》、王觀的《芍藥譜》、劉蒙的《菊譜》、張邦基的《陳州牡丹記》、王貴學的《蘭譜》、范成大的《范村梅譜》和《范村菊譜》、韓彥直的《橘錄》等。這些作品，都為當地或自種名花、名果和樹木作記作譜，可謂風氣盛行。

宋代在促花開放的控溫技術方面也有很大的進展，這反映在《齊東野語》一書記載的「堂花」技術中。

「堂花」是指透過人工處理，催發植物提前開放的花，主要是透過改變小氣候來實現的。《齊東野語》詳細地記述了溫室內的布置，施肥灌溉和加熱搧風等技術，強調要因花異而採取措施。

如秋天開的桂花就不能和其他春花一概而論。它應該加些類似秋天氣候的涼爽處理，才能達到其開放的目的。這些都說明當時人們對植物開花時的生理要求已有粗淺的認識。

閱讀連結

傳說唐憲宗年間，韓愈因諫迎佛骨「舍利子」被貶潮州任刺史，其侄兒韓湘子助他平安到達潮州後，幫助其驅趕鱷魚，使潮州人民免受鱷魚危害之苦。

韓湘子是「八仙」之一，他助其叔父韓愈諸事辦妥之後，便告別叔父回返天庭。

後來在明代成化年間，韓湘子又來到潮州，從百果大仙那裡要來橄欖樹種，以嫁接技術在潮州栽培。然後順手將果籮丟下，只見此籮飄落在官坑村的一片空地上，瞬間化為一座山。後來人們便將此山叫「浮籮山」。

古代動植物分類專譜

中國古代生物學由於醫藥事業、種植業、園藝業、養殖業、釀造業和海外貿易的發展而擴大了視野，積累了更為豐富的動植物知識，出現了大量的動植物專譜和著作。

中國古代以家養動物為對象的專譜，至遲在西漢時候就已經出現，相畜專著的出現就是標誌。此後出現了有關植物的專業著作如《竹譜》等，是古代動植物分類研究的新成就。《竹譜》是一部畫竹專論，又名《竹譜詳錄》，共十卷。全書卷各有圖。

古代戰馬石雕

《三國演義》中描寫劉備所騎的「的盧」是匹黑馬，唯獨額頭有一點白，相馬之人說這種馬必妨害主人。牠原先是三國第一猛將呂布的坐騎，呂布去世後，這匹馬落在劉備胯下。

後來蔡瑁設計欲謀害劉備，劉備慌忙從酒席中逃走，騎上「的盧」卻慌不擇路走錯了路，結果來到了檀溪。前面是闊越數丈的檀溪，後面是追兵，劉備仰天長嘆：「的盧的盧，你果然妨害主人！」

誰知話音剛落，「的盧」卻奮起神威，一躍而過十丈溪水，飛上對岸，完成了「的盧」最富傳奇意義的演出。當時的人，認為劉備有如天助，其實是「的盧」助之。

由此故事，可見當時對相馬之重視，也可見相馬術之成熟。

事實上，生產、戰爭、娛樂，人類社會的這些活動都離不開馬。於是自古以來人們就嚮往好馬、「神馬」，也就有了「相馬術」。

伯樂，本名孫陽，一說他乃趙簡子御者，善相馬，字子良，又稱「王良」。春秋時代的人。由於他對馬的研究非常出色，人們便忘記了他本來的名字，於是，乾脆稱他為「伯樂」。傳說中，天上管理馬匹的神仙叫做「伯樂」。在人間，人們便把精於鑑別馬匹優劣的人，也稱為「伯樂」。

據《相馬經》記載，春秋戰國時期的伯樂，曾經把一匹馬的全身比作君、相、將、城、令，完全依戰爭之需要。伯樂能這麼動腦筋，進行理論上的概括，這使他成了一位名垂千古的相馬能人。

時過境遷，至漢代，《漢書 · 藝文志》中著錄有《相六畜》三十八卷，包括涉及馬、牛、羊、豬、狗、雞傳統的家養「六畜」。說明當時已經有以家養動物為對象的專譜出現了。

動植物專譜的出現使分類研究更加清晰，是中國古代生物學發展的標誌之一。秦漢時期至魏晉南北朝時期有許多關於動植物的專著出現。例如《卜式養羊法》、《養豬法》、《相鴨經》、《相雞經》、《相鵝經》等，但多已佚失無存。

伯樂相馬

《隋書 · 經籍志》著錄有《竹譜》、《芝草圖》、《種芝經》等多種植物方面的專譜。據《隋書》記載，這些書在梁代還存在，後來除《竹譜》尚流傳外，其他大都散佚。

《竹譜》是中國現存的最早關於竹類的專書，據《舊唐書 · 經籍志》載，作者為戴凱之。

竹在魏晉南北朝時期是上層人物和知識分子的寵物，隨著南方的開發，竹在生產生活中的用途也日益顯著，戴凱之適時地對竹類加以研究論述是自然的，是時代的需要。

戴凱之是晉代武昌人。他的《竹譜》記述竹的種類和產地，每條都有註釋。作者透過實際調查，記錄了主要產於中國南方五嶺周圍的七十多種竹類。

《竹譜》首先指出竹類的特點是：「不剛不柔，非草非木。」糾正了《山海經》、《爾雅》以竹為草之誤，認為應屬植物中的特殊一族。

接著描述了竹的形態和生理特徵是：具節，一般莖中空，常青綠，怕嚴寒，初生為筍具籜，生活期約六十年，有開花結實枯死特性，水渚岩陸均可適生。這些描述都是正確的，不經過實地觀察不可能記得這樣清楚準確。

對各種竹的形態特徵，《竹譜》都能抓住主要點作出比較具體的記述。

戴凱之，南北朝劉宋時期的植物學家。官居南康相，所著《竹譜》以韻文為綱，用散文逐條解釋竹子的類別特性。他指出竹「既剛且柔，非草非木」，全書記述了六十一種竹類植物，是中國最早的一部竹類植物專著。

例如記麻竹：「蘇麻特奇，修幹平節，大葉繁枝，凌群獨秀」，突出了麻竹竿直環平，叢生多枝和葉大如履的特徵；記弓竹：「如藤，其節隙曲，生多臥土立則依木」，突出了弓竹竿長而且軟、每節彎曲、臥地生竹、似藤的特徵。

對有些竹類，不僅記外形，而且記內部。這是細緻觀察的結果。

《竹譜》對竹類用途也很注意。如簵竹、棘竹，筋竹可做弓箭矛弩；單竹可以織以為布；苦竹下節可以做湯；篠竹、篁竹可以為笙笛；棘竹枝節有刺，還可以做城垣；筱竹大，可以做梁柱；篇竹葉大，可以做篷；一般腸竹、雞脛竹、浮竹的筍特別美，可食，還特別介紹浮竹筍的吃法等。

■ 筍竹圖

《竹譜》首次專對竹的形態、分類、生理、生態以及作用等多方面加以記述，是一部很有價值的竹類專著。戴凱之《竹譜》之後，宋元明清時期都有人撰寫《竹譜》，宋代僧人贊寧還寫有《筍譜》，著錄筍有九十八種之多。

《筍譜》除列舉筍的別名之外，還記述栽培方法，記述全國各地所產九十八種筍的名稱、形態特徵、生長特性、產地、出筍時間等。還記有各類筍的性味、補益及調治、加工保藏方法，有一定參考價值。

總之，專門記述某一類或某一種動物或植物的「專譜」的出現，是中國古代在動植物分類方面的重要成就，也是古代生物學發展的標誌之一。

閱讀連結

古人把六畜中的馬牛羊列為上三品。馬和牛隻吃草料，卻擔負著繁重的體力勞動，理應受到尊重。羊在古代象徵著吉祥如意，又是祭祀祖先時的第一祭品，當然會受到人們的叩拜。

雞犬豬為何淪為下三品，也只能見仁見智了。豬往往和懶惰、愚笨聯繫在一起。雞在農業時代只造成拾遺補缺的作用，其重要性與牛馬相比，也難爭高下。狗雖然忠誠，但牠常給人招惹是非，因此狗的地位在古人眼裡不是很高。

六畜取長補短，為我們作出了極大的貢獻。

菌類研究——菌類的利用

菌類寄生於其他植物生長，種類繁多，不僅營養豐富，而且藥用價值甚高，自古以來被視為食療聖品，它側面反映了中國古代文明光輝的歷史。

中國古代對菌類的認識和利用，不僅在食療方面獨樹一幟，而且透過對微生物的研究，釀造出了飄香千年的美酒，還用來增強土地的地力，使農耕技術進一步提高。此外，對病菌的研究，也使得中國在戰勝天花上取得了舉世矚目的免疫學成就。

古代對大型真菌的認識

大型真菌也稱「高等真菌」，是能形成肉眼可見的實體或菌核的一類真菌的總稱。它以豐富的營養、特殊的風味和較高的藥效，自古以來就受到人們重視。中華民族對食用真菌的認識和利用，見於文字和出土文物的記載約有五六千年的歷史。

從中國現有的記載大型真菌的資料中可以看出，比較集中地反映出了古代後期中國南方地區研究大型真菌的優勢，這些研究成果在當時不同時期對中國認識和研究大型真菌造成了十分重要的促進作用。

靈芝聖母像

唐代官員張讀寫的志怪小說《宣室志》中記載了一個「地下肉芝」的傳說。

蘭陵有個姓蕭的隱士，考進士沒有考中，就把書全部焚燒掉了。後來他就隱居潭水邊，跟一個道士學習修煉神仙之術。每天辟穀、吐納，以期延長壽命。

十多年後，蕭隱士頭髮都白了，面色也枯暗的，脊背也彎曲了，牙也掉落了。一天早上，看著鏡子中的自己，不禁大怒，氣自己每天練功，可如今竟有如此衰象。

心灰意冷之下，他便到鄴下當商人去了。幾年後，竟然成了有錢的大商家，買了大園子，在挖土地時發現了一種形狀類似人手、微紅色的，肥而且潤的像肉塊的植物。

張讀畫像

蕭隱士以為這是個災禍，因為他曾經聽人說「太歲頭上不可動土，如果犯到太歲，底下會有一塊肉給挖了出來，這是不祥的預兆」。如今真的挖到了這個像肉一樣的東西，如果吃掉它，或許可以免災殃。

蕭隱士將此物烹煮後吃掉，覺得味道甚美。從此蕭隱士耳能聽，視力也變得光亮起來了，還有使不完的力量，面容也變得年輕了。已經禿了的頭，又長出了頭髮，而且也變黑了。脫落的牙齒，竟然又生出來了。

蕭隱士暗暗地覺得奇異，不敢告訴其他的人。

後來有位道士來到了鄴下，途中遇見蕭隱士，就為他切了個脈。他診了很長時間，道士說：「先生你吃過靈芝。那靈芝樣子像人的手，肥厚而且潤滑，色微紅。」

蕭隱士想了想，就原原本本的如實相告。

道士恭賀他說：「先生壽命，將可與龜鶴等齊了。可是不宜於居住在塵俗之間，應當退隱到山林裡去，不管人間事，那就可以修成神仙了。」

從此，蕭隱士隱居深山，清心寡慾，真正過起了隱居生活。

中國古代對於靈芝的認識起源於《山海經》中關於炎帝幼女「瑤姬」精魂化為「蓟草」，即靈芝的神話故事。後經加工逐漸演變，更加富於神奇色彩。

比如在《禮記》內，靈芝「無華而生者日芝木而」，在《爾雅翼》記載「芝，瑞草，一歲三華，無根而生」，說明中國古人把靈芝看做不同於有根、莖、葉的一般植物。

靈芝

《神農本草經》中記載了靈芝可治神經衰弱、心悸、失眠等症，並根據菌蓋色澤，評述品質高低。王充的《論衡》中就談到「紫芝」可以像豆類在地裡栽培。

靈芝屬於自然界分布的一類大型真菌生物。其實，中國古代對菌類的認識和利用，具有悠久的歷史。浙江省餘姚縣河姆渡村的出土物中就有菌類，表明中國在仰韶文化時期，就已經採食蘑菇了。

靈芝盆景

中國的早期歷史文獻中，也記述了關於食用菌的栽培。兩千多年前的《呂氏春秋》中，就載有「味之美者，越駱之菌」。

南北朝時期賈思勰的《齊民要術》「素食篇」中詳細介紹了木耳菹的做法。

唐代蘇恭等人著的《唐本草注》中記載了「煮漿粥安諸木上，以草覆之，即生蕈爾」的原始木耳栽培的方法。

韓鄂編的《四時纂要》中，則比較詳細地敘述了用爛構木及樹葉埋在畦床上栽培構菌的方法：

用爛構木及葉埋於地中，常澆以米泔水，經兩三天即可長出構菌；或於畦中施爛糞，取六七尺的構木段，截斷捶碎，均勻地撒於畦中，覆土。常澆水保持濕潤。見有小菌長出，用耙背推碎。再長出小菌，再推碎。如此反覆三次，即可長出大菌，可以採食了。

《四時纂要》還對菌的種植、管理、採收、於藏以及菌的有無毒性，能否食用，作了具體敘述。段成式寫的《酉陽雜俎》中，有關於竹蓀的描述。並說它只有帝王才能享用。

在記載大型真菌的許多古籍之中，比較重要的是：宋代《菌譜》描述了食用菌十一種；明代《廣菌譜》描述了食用菌十九種；清代《吳蕈譜》描述了二十六種。

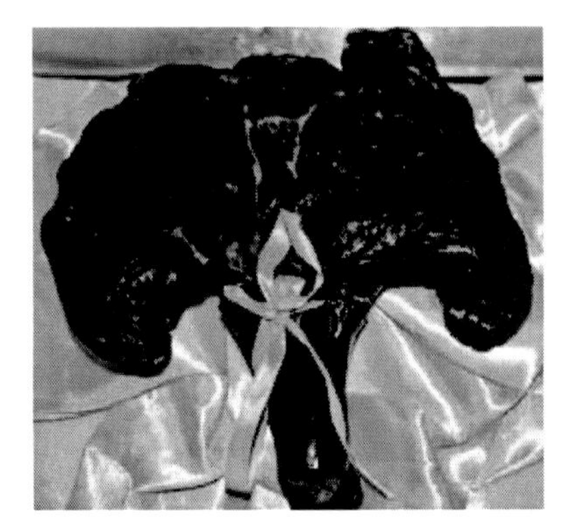

《酉陽雜俎》

《菌譜》是南宋學者陳仁玉撰，是世界上現存最早的食用菌專著。

陳仁玉（西元一二一二年至？）生於浙江省仙居縣城關鎮，幼習春秋，攻經史，博覽天文地理諸籍，每有心得，必記之。

《菌譜》中論述了浙江省台州所產合蕈、稠膏蕈、栗殼蕈、松蕈、竹蕈、麥蕈、玉蕈、黃蕈、紫蕈、四季蕈、鵝膏蕈十一種菇的產區、性味、形狀、品級、生長及採摘時間。書後附有毒菌的解毒方法，即「以苦茗、白礬勻新水咽之」。

南宋時期，台州的菌號稱上等美味。比如當時朝廷中右丞相謝深甫家族，皆喜愛台州這種鮮美的特產。由於當時朝廷上下對台菌的酷嗜，入山採摘的人絡繹不絕。

陳仁玉認為對於這種珍貴的土特產，很有辨識的必要。因此，他經過長期的觀察、研究、品嚐，「欲盡菌之性，而究其用，第其品」，後來寫成了《菌譜》一書。

可以說，《菌譜》就是陳仁玉對家鄉所產食用菌的調查記述。

《菌譜》中還對菌的生長條件，作了詳細的記載，認為「芝菌皆氣茁也」。也就是說，需要有一個氣候、溫度、濕度均適宜的生長環境。

陳仁玉的《菌譜》，不僅是世界上現存最早的食用菌的專著，還開創了中國菌類植物學的先河。在陳仁玉《菌譜》問世之後，中國歷史上比較著名的菌類專譜還有明代潘之恆《廣菌譜》，清代吳林《吳蕈譜》等。

明代潘之恆在宋代陳仁玉著的《菌譜》的基礎上編寫了《廣菌譜》。

潘之恆（約西元一五三六年至一六二一年）是明代戲曲評論家、詩人，安徽歙縣岩寺人，僑寓金陵，即現在的江蘇省南京。《廣菌譜》收錄各種蘑菇四十餘種，把雲南、安徽、廣西、湖南、山東、江西等省出產的十九種食用菌作了介紹。

《廣菌譜》實際上是對《菌譜》的補充，它所記載的十二個品種蘑菇均為《菌譜》所未載。此外，它所載的品種不限於某一地域，而且內容更為詳盡。

清代吳林《吳蕈譜》一卷，為《賜硯堂叢書新編》、《昭代叢書》和《農學叢書》所收錄，是繼南宋陳仁玉《菌譜》、明代潘之恆《廣菌譜》之後的又一種中國古代大型真菌專著。

吳林在《吳覃譜》中概述了吳中當時所產大型真菌的種類及其特點，並根據菌類食用的優劣性，將二十六種食用真菌分為上、中、下三品，分別進行了研究，同時對非食用真菌也作了詳細的論述，其中包括毒菌。書中除引用前人的部分資料外，作者親自作了許多研究工作。

天然野生蘑菇

透過與《菌譜》和《廣菌譜》比較發現，《吳蕈譜》記錄的大型真菌數量最多，描寫也最為細緻，是三譜之中成就最高的。

縱觀記載大型真菌的中國古籍文獻，可以看出，人們對大型真菌的認識主要包括兩大部分，即「芝類」和「菌蕈」類，也就是我們現在所說的木質或木栓質類菌和肉質類菌。真菌不僅可以作為食物，有的也可以作為藥物使用。真菌被作為藥物，也有悠久的歷史，特別是在中國，藥用真菌是中藥的重要組成部分。

香菇

中國古代百姓在長期的生產實踐中，已認識到部分患病的植物組織或病原菌本身具有藥用價值，並將其應用到臨床或日常生活中，如中國部分地區現在仍有飲竹黃酒的習慣。

明代有醫藥學家李時珍《本草綱目》中記述的多種藥用真菌長期使用不衰。

李時珍（西元一五一八年至一五九三年）是明代藥物學家、醫學家。時人謂之李東壁，號瀕湖，晚年自號瀕湖山人。生於湖北蘄州，即今湖北省黃岡市蘄春縣蘄州鎮。所編《本草綱目》一書，是中國古代藥物學的總結性巨著，在世界各地均有很高的評價，已有幾種文字的譯本或節譯本。

總之，上述這些菌譜，對研究中國古代食用菌的種類和歷史有一定學術價值。

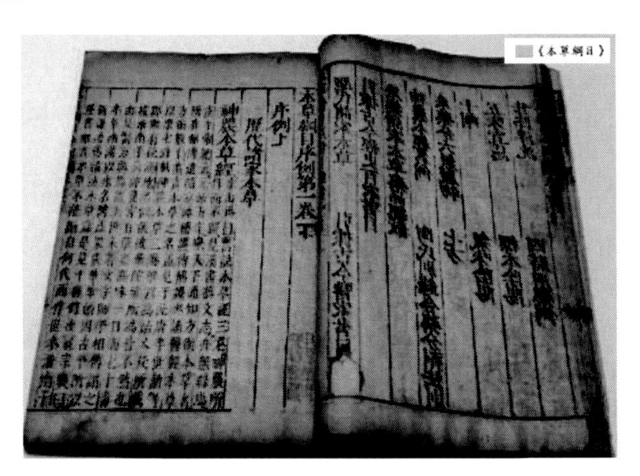

《本草綱目》

古代對微生物的認識與利用

微生物是指那些微小的、靠肉眼難以看到或看清的生物。從人類開始出現，就在許多方面和它們打交道，在利用有益微生物和防除有害微生物方面，不斷地積累經驗。

幾千年來，中國百姓在認識和利用微生物方面，有過許多重大發明創造，根據歷史記載，中國釀酒歷史至少有四五千年。

殷墟出土的商代甲骨文中，有和現代漢字形體相似的字。在殷墟中發現的釀酒作坊遺址，證明早在三千多年前，中國的釀酒事業已經相當發達。

岐伯是黃帝之臣，也是黃帝的太醫，奉黃帝之命嘗味各種草木，典主醫病。

釀酒作坊

相傳岐伯曾經乘坐由十二隻白鹿拉的絳雲車，遨遊於東海中的蓬萊仙山，奉黃帝之命向仙人求不死之藥，十分浪漫。

有一次，黃帝問岐伯：「上古時代有學問的醫生，製成湯液，但雖然製好，卻備在那裡不用，這是什麼道理？」

岐伯說：「古代有學問的醫生，他做好的湯液，是以備萬一的。因為上古太和之世，人們身心康泰，很少疾病，所以雖製成了湯液，還是放在那裡不用的。後來，當外界邪氣乘虛傷人時，只要服些湯液酒，病就可以好了。」

接著，黃帝和岐伯又討論了湯液在治療中的作用，以及用藥物內服和砭石、針灸外治的方法。

岐伯，中國遠古時期最富有聲望的醫學家。今傳《黃帝內經 · 素問》基本上乃黃帝問，岐伯答，以闡述醫學理論，顯示了岐伯高深的醫學修養。中國醫學素稱「岐黃」，或謂「岐黃之術」，岐伯當屬首要地位。

故事中的湯液就是酒。酒是《黃帝內經》中黃帝與岐伯討論的內容之一，表明當時酒不僅用來飲用，也用於治療疾病。

中國古代文獻中有許多關於造酒的記載，如「上天造酒」、「堯帝造酒」、「猿猴造酒」、「儀狄造酒」、「杜康造酒」。這些關於酒的傳說，其實是古人利用微生物的技術。

漢代釀酒畫像磚

用穀物釀酒，必須經過把澱粉分解成葡萄糖、再把葡萄糖轉化成酒精和二氧化碳兩個主要過程。其實這就是製麴過程，即培養有益微生物來進行食品發酵的過程。

記敘殷商歷史的《尚書 · 說命下》中，有「若作酒醴，爾唯麴糵」的字句，說明當時釀酒已經用了長微生物的穀物，即麴和發芽的穀物。

隨著製麴技術的發展，人們對微生物活動的認識越來越深入，觀察也越加仔細了。

古代已經有不少觀察微生物活動的記錄，有些方法和近代微生物學所採用的方法相接近。因此，麴的品質不斷提高，種類增多，用途也日趨專一。比如周代王后穿的黃色禮服叫「麴衣」，這說明當時的麴中黃麴黴已經占顯著優勢，使麴呈現美麗的黃色。

東漢時期，有些釀酒方法中，用麴量已經由原來的百分之幾十降低至百分之幾，這表明麴的用途已經由糖化發酵劑變成了使所需微生物繁殖的菌種了。如果麴中的微生物不是相當的純，那麼就難以保證釀酒的成功。

北魏時期，麴的形式已經幾乎全部是成塊的「餅麴」了。這種麴，外面有利於麴霉生長，內部卻有利於根霉和酵母的繁殖。

北魏賈思勰著的《齊民要術》一書，是完整地保存下來的一部傑出的古代農業科學著作。在微生物學方面，這部書也有豐富的內容，它記錄了中國當時農業和農村手工業中應用微生物知識的許多重要史實，有些還上升為比較系統的規律性認識。

在微生物學發展史上，《齊民要術》是一部重要經典。例如，在書中提出，麴成熟的標準，應該是麴中長滿了各種菌，所謂「五色衣成」；把醋酸的形成和醋酸菌形成的膜聯繫起來，並且意識到了「衣」是有生命的物質。

賈思勰用「魚眼湯沸」這樣生動的語言，描述了酒精發酵的時候二氧化碳釋放的現象。

古代製酒配料工藝雕塑

還應當指出，書中把製醬用的以麥粒製成的麴、麵粉製成的麴和發芽的穀物放在一起列作為一章來論述，表明當時已經意識到這三者之間的內在聯繫。

現在看來，這些都是和水解蛋白質、澱粉的水解酶類有關的。可以說，作者已經有了類似今天「酶製劑」的朦朧意識。

至宋代，已經知道製麴的時候把優良的老麴塗在培養前的生麴表面，即所謂「傳醅」的方法。這類似於今天的接種操作，麴的品質就更加容易保證了。

正是透過千百年來的選育，中國的麴有許多生產能力極強的菌種。例如小麴中的根霉，它的糖化力之強是罕見的。

菌種是用於發酵過程作為活細胞催化劑的微生物，包括細菌、放線菌、酵母菌和真菌四大類。來源於自然界大量的微生物，從中經分離並篩選出有用菌種，再加以改良，貯存待用於生產。菌種分為母種、原種和栽培種三級。

古代人民還創造了利用微生物提高地力的方法。早在春秋戰國時期，人們已經知道腐爛在田裡的雜草可以使莊稼長得茂盛，已經懂得用腐爛的野草和糞作為肥料了。腐爛是微生物活動的結果，所以，事實上當時已經開始利用微生物來提高地力了。

豆科植物根部的根瘤菌，有固定大氣中氮素的能力，因此豆科植物在提高土壤肥力上具有重要的作用。西漢後期的氾勝之的《氾勝之書》中，曾經提到瓜類和小豆間作的種植方法。

根瘤菌與豆科植物共生，形成根瘤並固定空氣中的氮氣供植物營養的一類桿狀細菌。根瘤菌屬和慢性根瘤菌屬都能從豆科植物根毛侵入根內形成根瘤，並在根瘤內成為分枝的多態細胞，稱為「類菌體」。還有土壤桿菌屬，能使植物細胞轉化為異常增生的腫瘤細胞，產生根瘤等。

綠肥是用作肥料的綠色植物體，一種養分完全的生物肥源。種綠肥不僅是開闢肥源的有效方法，對改良土壤也有很大作用。綠肥的種類很多，如按利用方式分為稻田綠肥、麥田綠肥、棉田綠肥、覆蓋綠肥、肥菜兼用綠肥、肥飼兼用綠肥、肥糧兼用綠肥等。

泛勝之銅像

西晉郭義恭著的《廣志》一書中，已經有稻田栽培紫雲英做綠肥的記載。書中說道：

苕，草色青黃，紫華，十二月稻下種之，蔓延殷盛，可以美田，葉可食。

這裡所說的「苕」，就是紫雲英，又叫「紅花草」。在賈思勰的《齊民要術》一書中，已經對不同輪作方式進行了比較，特別強調了以豆保穀、養地和用地相結合的豆類穀類作物輪作制。

書中說道：「凡穀田，綠豆、小豆底為上」凡黍田，新開荒為上，大豆底為次，豆底為下。」這說明當時已經有了和豆類作物輪作或間作的穀物耕作制度了。

長期以來，古代農民就知道把多年種過豆科植物的土壤移到新種植豆類的田裡去，以保證新種植豆類的良好生長。人們稱這種方法叫「客土法」。現在看來，這實際上是接種根瘤菌。

中國古代認識和利用微生物的成就是巨大的，在製麴造酒和利用微生物肥地等方面都有很有價值的創造和發明，為人們的生產和生活提供了極大益處。

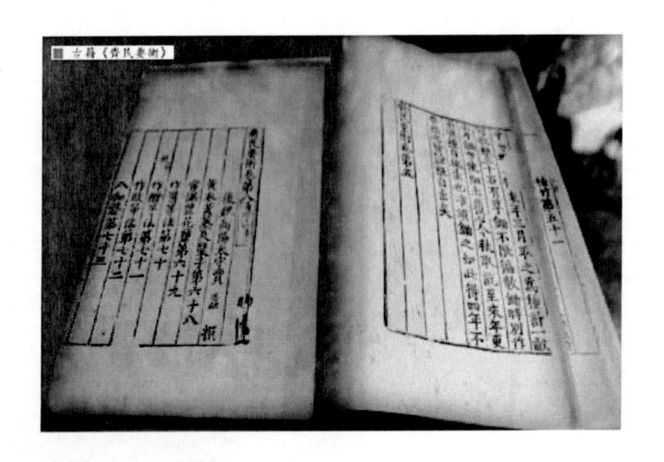

古籍《齊民要術》

閱讀連結

夏王朝大禹王治理天下時，朝廷中有一個青年叫杜康，掌管著全國的糧食。

有一年大豐收，國庫裡放不下了，杜康就把部分糧食堆放在森林中一些朽樹洞裡。沒想到時間一長，這些糧食在樹洞裡發酵後，順著縫隙流出汁液。杜康在檢查存糧時聞到這些液體散發的芳香，親口嘗後，又用尖底罐裝了一些給大禹嘗。

禹王一嘗，甚為嘉許，就命杜康終年造酒，遂使酒的品質越來越好。杜康是利用酵母菌造酒的高手，以致使他成為了後世的釀酒祖師。

昆蟲研究——昆蟲的利用

昆蟲是整個生物界中最大的類群，牠們形體雖小，卻種類和數量眾多，關係著人類的生產和生活。中國歷代人民在昆蟲研究利用和害蟲防治方面都取得了顯著的成績。

中國古代對經濟昆蟲如蠶、蜜峰等的研究利用取得了豐碩的成果，在昆蟲寄考方面的多項觀察和研究也是世界少有的。

古人還充分利用昆蟲營養豐富和味道鮮美的特點，開拓了食物來源。除了充分利用昆蟲為生產和生活服務外，中國古代還積累了豐富的治蝗經驗，也是寶貴的歷史遺產。

古代昆蟲資源開發利用

中國古代對昆蟲資源的開發和利用，其主要成就體現在研究昆蟲的經濟意義、形態特徵、生物學特性、養殖技術及利用方法等，以便合理開發昆蟲資源。

中國對資源性昆蟲的利用歷史悠久，如蠶、蜜蜂、紫膠蟲、白蠟蟲、五倍子蚜蟲，都是中國傳統的資源昆蟲。尤其是對蠶絲的研究，是中國古代早期發明之一。相傳在六七千年前，伏羲氏發明了樂器，並以桑製瑟，以蠶絲為弦；五千多年前，黃帝將蠶絲織成綢、製成衣帽；養蠶業的興起，大約是在西元前一三八八年至西元前一一三五年的商代。

相傳遠古時候，有一位美麗、善良的姑娘，出生在西陵國嫘村山一戶人家。姑娘長大後每天都要外出採集野果來奉養體弱多病的二老。她不怕苦和累，近處的野果採集完了，便跋山涉水到遠處去採集，每天都很晚才回家。

不久，遠處的野果也採完了，拿啥來奉養二老呢？生活的艱難使姑娘靠在一棵桑樹下傷心地哭起來，哭聲是那樣哀婉、淒涼，使遠近的飛禽走獸都感動得流下了淚水。

這哭聲震動了天庭。玉皇大帝撥開雲霧向下一看，見到一個十四五歲的孝女哭得死去活來，便發了善心，把「馬頭娘」派下凡間，變成了吃桑葉吐絲的天蟲。

馬頭娘看見姑娘悲傷的樣子，便將桑果落在她的嘴邊，姑娘舔舔嘴邊又酸又甜。便吃

古代蠶絲業景象

了一點，覺得沒什麼異樣，就採了許多帶回家給二老吃，老人吃後精神一天比一天好。

一個陽光明媚的夏天，姑娘發現樹上的天蟲不斷地吐著絲，做繭子，在陽光下產生的七彩反射非常美麗。

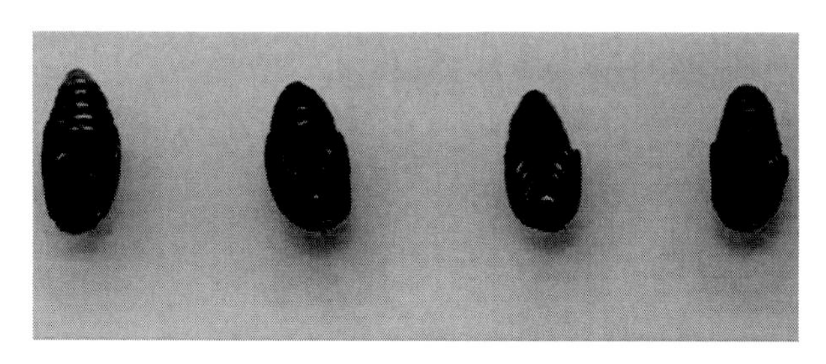

遼代琥珀蠶蛹

出於好奇，姑娘採一粒放在嘴裡，用手把絲拉出來，這絲又有韌性。她索性像天蟲那樣，編成一塊塊小綢子，連成一大塊給父母披在身上。熱天涼爽、冬天溫暖，於是為天蟲取名為蠶，捉回家餵養。

經過長期的經驗積累，姑娘完全掌握了蠶的生產規律和繅絲織綢技藝，並將這些毫無保留地教給當地的人們。從此人們結束了「茹毛飲血，衣其羽毛」原始衣著，進入了錦衣繡服的文明社會。

繅絲是將蠶繭抽出蠶絲的工藝，最原始的繅絲方法，是將蠶繭浸在熱盆湯中，用手抽絲，捲繞於絲筐，因此盆、筐就是原始的繅絲器具。繅絲方法很多，按繅絲時蠶繭沉浮的不同，可分為浮繅、半沉繅、沉繅三種。

姑娘發明養蠶繅絲織綢的消息很快傳遍西陵國，西陵王非常高興，收姑娘為女兒，賜名「嫘祖」。

黃帝正妃嫘祖塑像

嫘祖這一驚天動地的創舉很快傳遍了神州大地，部落的首領紛紛到西陵國向她求婚，都遭到嫘祖的婉拒。後來中原部落首領黃帝軒轅征戰來到西陵，兩人一見傾心，很快嫘祖被選作黃帝的元妃。

元妃是妃嬪稱號，本為「元配」之意，指第一次娶的原配。原配來指稱最初的妻子之義，具有唯一性。元妃指卻比元配的意義走得更遠，元妃是妃子的稱號。至後來，已不僅僅限於指稱第一位娶的正妻了，只是地位尊貴的一種象徵。

嫘祖輔助黃帝戰勝了南方的蚩尤和西方的炎帝，協調好各部落的關係，完成了統一中華的大業。同時奏請黃帝詔令天下，把栽桑養蠶織錦的技術推廣到了全國各地。

嫘祖去世後，黃帝把她葬於嫘村山，後世尊稱其為「先蠶娘娘」，並推崇為中國養蠶取絲的創始人。每到植桑養蠶時間，人們紛紜設祭壇祭祀先蠶，以求風調雨順，桑壯蠶肥。同時也用來祭奠嫘祖這一偉大的發明創造。

這個養蠶取絲的故事，其實向世人展示中國古代對昆蟲資源開發利用並取得的顯著成果。蠶原來是野生在自然生長的桑樹上，在蠶桑還未被馴養之前，人們可能已經懂得利用野蠶繭抽絲了。

古人紡絲場景

中國桑樹的栽培已有七千多年的歷史。至周代，栽桑養蠶在中國南北廣大地區得到蓬勃發展，養蠶織絲被認為是婦女們都必須參加的副業勞動。

《詩經》中就有許多篇章描寫蠶桑，有的詩還生動地描繪了當時婦女們採桑養蠶忙碌的勞動情景。

《豳風 · 七月》寫道：

春日載陽，有鳴鶬鶊。女執懿筐，遵彼微行，爰求柔桑。

這首詩翻譯過來的大致意思是：春天一片陽光，黃鸝鳥在歌唱。婦女們提著籮筐，走在小路上，去給幼蠶採摘嫩桑。

在商代，甲骨文中已出現「桑、蠶、絲、帛」等字形。至周代，採桑養蠶已是常見農活。

春秋戰國時期，桑樹已成片栽植。中國百姓對桑樹作了改良，培育了許多產量高、品質好的品種。

戰國銅器上《採桑圖》描繪的桑樹有高矮兩種類型，低矮的桑樹可能就是後人所稱的「地桑」。

關於地桑，古籍說：頭年將桑葚和黍一起種下去，待桑樹長到和成熟的黍一樣高時，齊地面割下，第二年桑樹便從根上重新長出新的枝條。這種桑樹不僅便於採摘和管理，而且枝嫩葉肥產量較高。

地桑的出現，也是蠶桑生產發展上的一大進步。

古人重視發展蠶桑技術，對蠶桑生產的發展有重要意義。

戰國時期的《管子 · 山權數篇》主張，對群眾中精通養蠶技術的人，請他介紹經驗，並給予黃金糧食和免除兵役的獎勵。可見當時非常注意總結經驗，以提高栽桑養蠶的生產水準。

在長期和廣泛發展蠶桑生產的活動中，必然會湧現出一批專家和能手。他們在長期實踐中有所創造和發明，積累了豐富的經驗。

《禮記 · 祭義》中就指出帶露的桑葉，必須風乾了才能餵蠶。其中還有用流水沖洗消毒卵面的記載，後來進一步發展到用硃砂溶液、鹽水、石灰水，以及其他具有消毒效果的藥物來浴洗消毒卵面，這對防止蠶病發生也非常重要。

荀況所著的《荀子》一書包含有豐富的自然科學知識。他對養蠶也頗有研究，寫過《蠶賦》一篇，研究了三眠蠶的特點、習性及其化育過程的規律。

在幼蟲期三次停止食桑就眠蛻皮，經過四個齡期即止簇結繭的稱為三眠蠶品種。三眠蠶品種的幼蟲期時間短，食桑量少，蠶繭的繭形小，絲量少，繭絲纖度細。應用這種蠶品種可以生產細纖度的生絲。用這種絲編織的布料，具有高度透光，極度輕巧的特點。

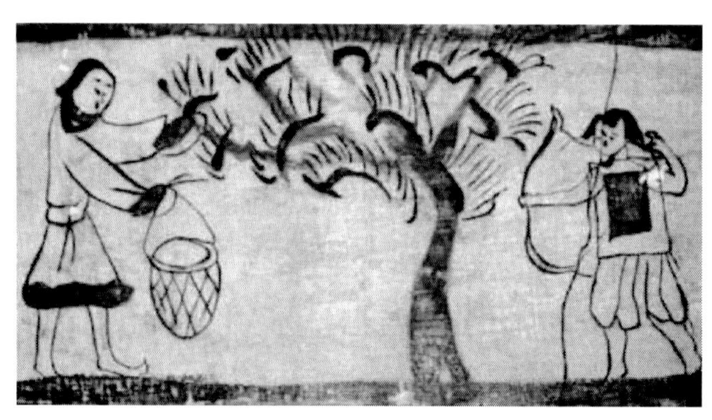

採桑彩繪磚

隨著養蠶業的發展，人們對家蠶的習性也有了更進一步的認識。宋代農學家陳敷在《農書》中寫道：

蠶最怕濕熱及冷風，傷濕即黃肥，傷風即節高，沙蒸即腳腫，傷冷即亮頭而白蜇，傷火即焦尾，又傷風亦黃肥，傷冷即黑白紅僵。

古籍《農書》

陳敷正確地指出了過高或過低溫、濕度對幼蠶正常生長發育的不利影響，它是直接誘發幼蠶罹病的重要原因。

陳敷《農書》對蠶種的選擇和保護，都做過研究。他認識到選種對使第二幼蠶生長發育時間種速度一致有重要意義。

中國在兩千多年前就注意到了蠶種的清潔和保護。但在宋代之前，蠶農們還只是用清水浴洗卵面。而陳敷在《農書》中已記載使用硃砂溶液浴種。

「至春，候其欲生未生之間，細研硃砂調溫水浴之。」這種臨近蠶卵孵化之日，用具有消毒效果的硃砂溶液浴種，具有消毒卵面的作用。

蜜蜂的飼養，其歷史應該比養蠶更早，但是缺乏記載。晉代學者皇甫謐著《高士傳》，記載東漢時期人姜歧鄉居養蜂的事；文學家張華《博物志》記載有蜂蜜的收集方法。

宋代學者羅願《爾雅翼》記述了蜂的種類、蜜的色味與蜜源植物的關係；藥學家唐慎微《證類本草》中還繪有蜂房圖。

特別是宋代文人王禹偁在《小畜集》中寫有「記蜂」，對蜂巢的內部組織、分群習性，尤其是控制分群方法作了詳細的記述，很有價值。

宋代著名文學家蘇軾還寫過《收蜂蜜》的詩：

空中蜂隊如車輪，中有王子蜂中尊。

分房減口未有處，野老解與蜂語言。

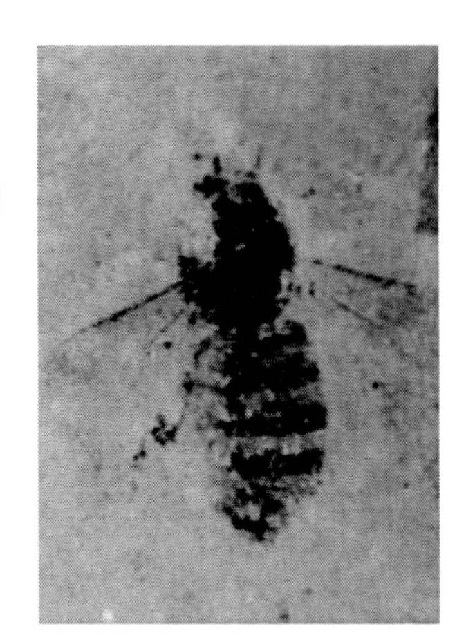

蜜蜂化石

對野老趁蜜蜂分巢時收取蜂群的記述，歷歷如繪。中國古代還對白蠟蟲、紫膠蟲和五倍子蚜等昆蟲的生活習性進行了研究並加以飼養，也取得了舉世矚目的成就。

蟲白蠟是雄性白蠟蟲的分泌物，是中國自古以來的農家副產品。

宋代詞人周密《癸辛雜識》記有關於白蠟蟲的飼養。說江浙過去不產白蠟，後來有人由淮北帶來白蠟蟲出售。

其種形狀如小黃果，「每年芒種前以黃布作小囊貯蟲十餘枚，遍掛桎樹間，至五月，每一子出蟲數百，遺白糞於枝梗，八月中剝取用沸湯剪之就成白蠟。又遺子於樹枝間，初甚細，來春漸大，收其子如前法散育之。」

這裡已將放養白蠟蟲、收取白蠟的時間和方法，基本上說明了。

明代醫學家汪機《本草會編》、李時珍《本草綱目》和徐光啟《農政全書》對白蠟蟲的寄生植物的種類、性狀、產地和白蠟蟲的習性以及採蠟的方法等都有更詳細的記述。後來，中國飼養白蠟蟲的消息傳至歐洲。

《本草綱目》

紫膠是紫膠蟲的分泌物，在中國古書上稱為「紫鉚」、「紫梗」或「赤膠」，是由紫膠蟲的雌蟲分泌的。紫膠蟲又叫「紫梗蟲」，古代曾稱為「蚵蟲」，在國外稱「膠蟲」或者「鱗片蟲」。

膠蟲也是一種資源昆蟲。紫膠首先是用作藥材，其次用作染料。

許多古籍有用作染料的記載，《吳錄》說紫膠可以染絮物即絲織品；蘇恭說可以染麖皮和寶鈿，蘇頌著《本草圖經》說今醫方也罕用，唯染家所需，說明到了宋代紫膠用作染料，已超過藥用了。

中國古代所用紫膠，可能多從國外進口，古籍所載產地有越南中部的清化省、交趾、南番等。雖然都提到了中國也出產紫膠，但可能由於陸上交通不便，不如海路來得方便而從國外進口。

《徐霞客遊記》第一個明確雲南省是中國紫膠的產地，一直以來雲南省是中國紫膠的主要產區。雲南省所產的紫膠都以低價作為原料輸出國外，在國際市場上占相當數量。

徐霞客（西元一五八七年至一六四一年）是明代地理學家、旅行家和探險家，中國地理名著《徐霞客遊記》的作者。名弘祖，字振之，號霞客，明代直隸江陰人，即現在的江蘇省江陰市，被稱為「千古奇人」。《徐霞客遊記》中對各地名勝古蹟、風土人情，都有記載。

明代地理學家徐霞客在雲南考察時，第一次指出雲南是中國紫膠產地，同時記述了紫膠蟲的寄生植物紫梗樹的形態。五倍子是染色、製革工業的重要原料，也是重要藥物，它是五倍子蚜蟲在鹽膚木葉上所形成的蟲癭。

五倍子在中國大部分地區均有分布，由於它含有大量的五倍子鞣質，所以，工業上從中提取鞣質，用於鞣軟皮革，製造塑料及藍墨水，還用於製造染料。

明代徐光啟的《農政全書》

明代《普濟方》中記載的方法是：

用五倍子為粗末，每斤加入茶葉末一兩，酵糟四兩，同置容器中拌勻搗爛，攤平，切成約一寸見方小塊，發酵至表面長出白霜時取出，晒乾，製成品即為「百藥煎」。每次「取百藥煎一兩，針砂、醋炒蕎麥麵各半兩，先洗鬚髮，以荷葉熬，醋調刷，荷葉包一夜，洗去即黑」，這也算是中國古代的一種美容術。

徐霞客雕像

總之，蠶、蜜蜂、蟲白蠟、紫膠、五倍子都是中國自古以來對昆蟲資源開發利用的成果，這些產品除了供應中國國內，還源源不斷地輸往國外。尤其是對白蠟蟲、紫膠蟲、五倍子蚜的認識利用，是中國古代生物學的又一成就。

閱讀連結

相傳在遠古時代，有個姑娘的父親外出，她思父心切，就說誰把父親找回來就以身相許。

家中的白馬聽後，飛奔出門，沒過幾天就把父親接了回來。但是人和馬不能結親，父親就將白馬殺死，還把馬皮剝下來晾在院子裡。

不料有一天，馬皮突然飛起將姑娘捲走。又過幾天，人們發現，姑娘和馬皮懸在一棵大樹間化為了蠶。人們把蠶拿回去飼養，把那棵樹叫「桑樹」，而身披馬皮的姑娘則被供奉為蠶神，因為蠶頭像馬，所以又叫「馬頭娘」。

古代昆蟲寄生現象研究

昆蟲寄生是指昆蟲中的一些種類，在一個時期內或終身附著其他動植物體內或體外，並以攝取寄主的營養物質來維持生存，從而使寄主受到損害的昆蟲。古代很早就觀察到昆蟲的寄生現象。古代學者對寄生蟲，以及蟎蟲、蛹蟲、螟蛉等寄生現象進行了細緻的觀察和研究，這在當時世界上是少有的。

中國早在上古時期，先民們就意識到自然界的毒蟲對人的侵害。殷商甲骨文出現「蠱」字，說明三千多年前古人就已發現了人體內的寄生蟲。

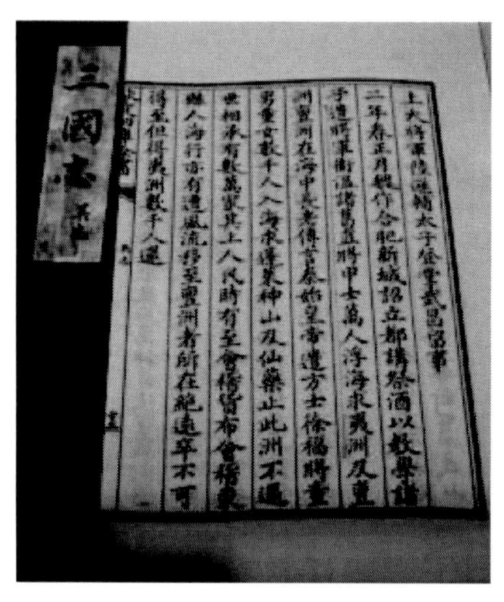

三國志

上大將軍陸遜輔太子登掌武昌留事
二年春正月魏作合肥新城詔立都講祭酒以教學諸
子遣將軍衛溫諸葛直將甲士萬人浮海求夷洲及亶
洲亶洲在海中長老傳言秦始皇帝遣方士徐福將童
男童女數千人入海求蓬萊神山及仙藥止此洲不還
世相承有數萬家其上人民時有至會稽貨布會稽東
縣人海行亦有遭風流移至亶洲者所在絕遠卒不可
得至但得夷洲數千人還

古籍《三國志》

據《三國志》記載，華佗有一次遇見一個喉嚨被東西塞住的病人，斷定是寄生蟲病，並告訴他買些醃製的韭菜醬，吃了就會好。患者照辦，果然吐出一條大蟲，病也就自然好了。

患者把蟲子掛在車上去拜謝華佗，進門看見華佗家牆的北面掛著同樣的蟲子數十條。原來當時得寄生蟲的病人有很多，而且有的寄生蟲竟然像蛇一樣長。

華佗（約西元一五四年至二〇八年）是東漢末年著名醫學家。與董奉、張仲景並稱為「建安三神醫」。他醫術全面，尤其擅長外科，精於手術，被後人稱為「外科聖手」、「外科鼻祖」。精通內、婦、兒、針灸各科，外科尤為擅長，行醫足跡遍及安徽、河南、山東、江蘇等地。

華佗用韭菜醬治療寄生蟲病，無疑成為了千古佳話。這一方劑在現在治療寄生蟲病時也常常用到。

古代的時候缺醫少藥，寄生蟲像蛇一樣大，應該不足為怪。華佗能治好這麼多的寄生蟲病人，可見他對寄生蟲病頗有研究。

中國早在上古時期，先民們就已經意識到自然界的毒蟲對人的侵害。殷商甲骨文出現「蠱」字，就像很多蟲子同蓄於器皿。《說文》：「蠱，腹中蟲也。」腹中有蟲，當會嚙噬內臟，引起腹脹、腹痛、下血等症。

由此可見，中國在三千多年前已發現了人體內寄生蟲，表明人們對毒蟲進入體內作祟的猜想，此為對寄生蟲病認識之始。

戰國秦漢以來的許多古醫籍記載了多種寄生蟲病，涉及現在的人體寄生蟲學所列的蠕蟲病、原蟲病和昆蟲病，有的記載還屬於世界首創。所記載防治寄生蟲病的方法和藥物，於今仍有實際意義。

其後，歷經周秦漢唐各代，關於寄生蟲病的證治積累漸豐，對多種蟲體與蟲病能細緻地加以描述，有些發現屬於世界首創。

比如隋代醫學家巢元方等撰的《諸病源候論》中所稱的「九蟲」皆是蠕蟲。

其「九蟲候」說道：

九蟲者，一曰伏蟲，長四分；二曰蛔蟲，長一尺；三曰白蟲，長一寸；四曰肉蟲，狀如爛杏；五曰肺蟲，狀如蠶；六曰胃蟲，狀如蝦蟆；七曰弱蟲，狀如瓜瓣；八曰赤蟲，狀如生肉；九曰蟯蟲，至細微，形如菜蟲。

列子塑像

列子塑像

對於人群的感染和發病的情況，巢元方進一步指出：

人亦不必盡有，有亦不必盡多，或偏有，或偏無者。此諸蟲依腸胃之間，若腑臟氣實，則不為害，若虛則能侵蝕，隨其蟲之動而能變成諸患也。

表明人群寄生蟲的感染率很高，但也有未感染者。蟲病的症候表現又與感染者臟腑虛實狀態有密切關係。這些觀點，體現了中醫發病學重視正邪雙方鬥爭的一貫理論。

古代醫籍在對蟲病的症候描述及其分型上，達到了很高的水準，其治療方法也多是行之有效的。一批療效很高的驅蟲或殺蟲藥，經千百年的實踐認識，被確定下來，有的至今仍在使用，並經現代科學方法研製出新一代藥品，受到世界的高度重視。

除了人體寄生蟲研究外，對自然界昆蟲寄生的現象，中國古代也取得了諸多研究成果。比如春秋時期的《列子 · 湯問》記載：「焦螟群飛而集於蚊睫，弗相觸也。棲宿去來，蚊弗覺也。」

意思是說：有一種叫焦螟的蟲，平常結群生活在蚊子的睫毛上，焦螟之間沒有身體接觸，蚊子也感覺不到牠的存在。

焦螟也稱「焦冥」，是傳說中一種極小的蟲。據當代昆蟲學家研究，它可能是一種寄生性的蟎類，可見先民在兩千多年前，就已經觀察到有一種蟎蟲會寄生在蚊蟲身上。

蟎蟲屬於節肢動物門蛛形綱蜱蟎亞綱的一類體型微小的動物。蟎蟲成蟲有四對足，一對觸鬚，無翅和觸角，身體不分頭、胸和腹三部分，而是融合為一囊狀體，有別於昆蟲。蟲體分為顎體和軀體，顎體由口器和顎基組成，軀體分為足體和末體，前端有口器，食性多樣。

節肢動物也稱「節足動物」，動物界中種類最多的一門。身體左右對稱，由多數結構與功能各不相同的體節構成，一般可分頭、胸、腹三部分，但有些種類頭、胸兩部癒合為頭胸部，有些種類胸部與腹部未分化，體表被有堅厚的幾丁質外骨骼，附肢分節。除自由生活的外，也有寄生的種類。

郭璞塑像

《爾雅》一書中提到寄生蠅，叫「蠁」，是古人在養蠶生產實踐中發現其有寄生生活的現象。

晉代郭璞在為《爾雅》作注時說，「蠁」還有一個名字叫「蛹蟲」。宋代陸佃《埤雅》中的記載，蠁這種寄生蠅在蠶身上產卵等到蠶吐絲成繭時，蠅卵便生在蠶蛹中孵化為蠅蛆蟲，俗稱之為「蠁子」，這種蠅蛆鑽進土中，不久就化為蠅。

明代生物學家譚貞默經過親身觀察，不僅驗證了前人記載的正確，而且還指出這種寄生蠅是在蠶體背部產卵的，所有的卵都要化為蠅蛆，吮食蠶蛹體組織，最後鑽出，化為成蟲，即蠅。

陶弘景畫像

古代人所說的蠁蟲，實際上就是多化性的蠶蛆蠅。牠的幼蟲寄生於蠶體，便造成了家蠶蠅蛆病害。明代的譚貞默曾經正確地指出過，受蠶蛆蠅寄生為害的主要是夏蠶。

夏蠶中有十分之七的蠶蛹有蠅蛆寄生，所以不能正常發育，只有十分之三的蠶蛹能正常發育成熟，可見其對蠶業生產為害之烈。

由此可以看出，郭璞之所以又把蠁叫做「蛹蟲」，是因為這種寄生蠅是蠶的主要蟲害之一，而牠的幼蟲在離開蠶體之前，多半是生活在家蠶生活史中的蛹期，即蛹變為成蟲以前的一段時期。所以蛹蟲有蛹中之蟲的意思。這說明中國至遲在晉代，人們就已知道蠶蛆蠅的寄生生活。

螟蛉是青蟲，是一種昆蟲的幼蟲；蜾蠃就是細腰蜂，是蜂的一種。《詩經》中有「螟蛉有子，蜾蠃負之」的詩句。從詩句中可以看出，早在三千多年前，人們就已經觀察到了細腰蜂有捕捉其他昆蟲幼蟲的習性。捕捉來幼蟲作什麼用呢？

蜾蠃屬昆蟲綱，胡蜂科，又名土蜂、蠮螉、細腰蜂。牠長得像蜜蜂，但是比蜜蜂小得多。頭部球形，觸角細長，複眼卵形，有單眼三個。腹部七節，腰細。其巢多築於樹枝、樹幹、石上、地上及建築物等處。蜾蠃天生有寄生的習性。

在先秦的著作中沒有說明。後來的學者對此有各種解釋，有的學者如漢代揚雄就認為，細腰蜂捉來死的青蟲，便對牠唸咒：「像我！像我！」時間長了，死青蟲就變成了細腰蜂。後來有不少學者都相信揚雄的說法。

事實上，這個觀察不仔細，還不瞭解事物的本質。但是也有些學者，不相信揚雄的看法，他們透過親自考察，逐步解開了「螟蛉有子，蜾蠃負之」的祕密。

南北朝時期醫學家陶弘景，不相信蜾蠃無子，決心親自觀察以辨真偽。他找到一窩蜾蠃，發現雌雄俱全。這些蜾蠃把螟蛉銜回窩中，用自己尾上的毒針把螟蛉刺個半死，然後在其身上產卵。

原來螟蛉不是義子，而是用作蜾蠃後代的食物，蜾蠃是寄生蜂，牠常捉螟蛉存放在窩裡，產卵在牠們身體裡，卵孵化後就拿螟蛉做食物。陶弘景透過有針對性的觀察，揭開了這個千年之謎。

陶弘景說還有一種是鑽入蘆管中營窠的蜂，牠是捕取草上的青蟲作為後代食糧的。

其後，宋代本草學家寇宗奭已經觀察到細腰蜂是將卵產在被捕捉的青蟲身上的。明代官員、詩人皇甫汸在《解頤新語》一書中指出，螟蛉蟲在窠內並沒有死，但也不能活動。他還精細地觀察到，如果被獲物是蜘蛛的話，那麼蜾蠃是將卵產在蜘蛛的腹脅的中間，牠和蠅蛆在蠶身上產卵是一樣的。這些觀察是完全正確的。

閱讀連結

螟蛉是一種綠色小蟲，蜾蠃是一種寄生蜂。蜾蠃常捕捉螟蛉存放在窩裡，產卵在牠們身體裡，卵孵化後就拿螟蛉做食物。古人誤認為蜾蠃不產子，餵養螟蛉為子。

在古代漢語裡稱養子為「螟蛉子」，這從反面說明，收養者正如同蜾蠃，並不純粹出於慈悲心腸。雖然螟蛉兒未必真能延續家族香火，但是年老之後需要有人奉養，有養子當然就有了一條相對比較可靠的後路。也有更低調的追求，只為百年之後，墳頭上有人燒一炷香，撒幾張紙錢。

古代食用昆蟲的利用

在那個茹毛飲血的蠻荒時代，人類與動物共存，在長期較量中凡是能戰而勝之者，皆可成為自己的口中之食，小小的昆蟲當然更不在話下。尤其在抓不到野獸就要餓肚子的時候，用昆蟲來充飢畢竟要容易多了。

昆蟲種類繁多，有的昆蟲含有豐富的營養，味道鮮美，比如蟬、蟻、蛹、蝗、蝶等，很早就是中國古代餐桌上的佳餚。

中國的食蟲歷史早在三千年前的《爾雅》、《周禮》和《禮記》中就記載了蟻、蟬和蜂三種昆蟲加工後供皇帝祭祀和宴飲之用。

可食用的昆蟲

孔子與弟子塑像

在《莊子 ‧ 達生》中曾記載了一個吃蟬者捕蟬的故事：

孔子到楚國去，走出樹林，看見一個駝背老人正用竿子黏蟬，就好像在地上拾取一樣。原來老人捕蟬是為了享受蟬的美味。

孔子就問道：「先生捕蟬而食，方法巧妙。這裡面有什麼門道嗎？」

駝背老人說：「我有我的辦法。經過五六個月的練習，能在竿頭累疊起兩個丸子而不會墜落，那麼失手的情況就已經很少了；疊起三個丸子而不墜落，那麼失手的情況十次不會超過一次；疊起五個丸子而不墜落，也就會像在地面上拾取一樣容易了。」

孔子露出欽佩的神情。

老人接著說：「我立定身子，猶如臨近地面的斷木，我舉竿的手臂，就像枯木的樹枝；雖然天地很大，萬物品類很多，我一心只注意蟬的翅膀。我從不思前想後左顧右盼，絕不因紛繁的萬物而改變對蟬翼的注意，為什麼不能成功呢！」

孔子聽完，頓有感悟，他轉過身對弟子們說：「運用心志不分散，就是高度凝聚精神，說的就是這位駝背的老人吧！」

《禮記 ‧ 內則》

其實，古人食用昆蟲，由來已久。早在周代的《周禮 · 天官》中就記載可供食用的昆蟲有蟻、蟬、蜂三種。其中記有「蚳醢」。「蚳」就是蟻卵，「蚳醢」就是用蟻卵加工成的蟻卵醬。

當時王宮裡有專做食物的人，將蟻卵交給他們做成蟻子醬，供「天子饋食」和「祭禮」之用，是古代掌權者的席上佳餚。《禮記 · 內則》還有古代帝王用白蟻幼蟲做醬供天子祭祀之用的記錄。

這種蟻子醬在秦漢之前，稱得上是山珍海味，不但為上層人物所食，而且還用作祭祀時的祭品。後來這種蟻子醬在中國南方一些地方一直流傳下來，至唐代仍然是待客的佳品。

白蟻也稱「蟲尉」，俗稱「大水蟻」，因為其通常在下雨前出現，因此得名。等翅目昆蟲的總稱，約兩千多種。其為不完全變態的漸變態類，且是社會性昆蟲，每個白蟻巢內的白蟻個體可達百萬隻以上。白蟻營養豐富，味道鮮美，有一定的藥理作用，不僅可食用，還能治療一些人類疾病。

唐代唐懿宗時人段公路《北戶錄》記載：「廣人於山間掘取大蟻為醬，名『蟻子醬』。」

唐代人們把蝗蟲也列入食品，《農政全書》記載：「唐貞觀元年，夏蝗，民蒸蝗曝，颺去翅足而食之。」北宋文學家范仲淹疏說：「蝗可與菜煮食。」徐光啟在《囤鹽疏》還記錄了當時天津地區人們把蝗蟲當作美味食品互相贈送。

三國曹魏著名文學家曹植在《蟬賦》中，記述了蟬一生遇到過各種天敵，而最後的「天敵」是廚師。可見那時吃蟬的人很多。那時是將蟬放在火上烤熟後食用，這樣處理可使蟬香脆而多味。

蜀漢安樂公劉恂《嶺表尋異》說道：「交廣間澗酋長收蟻卵，淘滓令淨，鹵以為醬。或雲其味酷似肉醬，非官客親友不可得也。」可見已被廣泛食用。

古代可作食用的昆蟲不止這幾種，還有蠹、蝗、蝶、蜂等。有的是食成蟲，但大多是食其幼蟲或卵。如南方人喜歡吃蠶蛹，也有人喜歡吃蜂的幼蟲。清代還有食豆蟲的習慣。

南北朝時期，吃蟬的人少了，取而代之的是「蜂」。《神農本草經》認為：蜂子，氣味甘平微寒，有補虛功能，久服令人光澤不老。

據清代文學家蒲松齡《農蠶經》記載：

豆蟲大，捉之可淨，又可熬油。法以蟲掐頭，掐盡綠水，入釜少投水，燒之炸之，久則清油浮出。每蟲一升，可得油四兩，皮焦亦可食。

這種豆蟲是豆天蛾的幼蟲，有手指粗細。

此蟲多生在豆地裡，食豆葉和豆莢，對豆類作物危害極大，農民常進行手工捕捉。捉時手提小桶，見豆葉有被噬現象，或豆棵下有新鮮蟲屎，即將豆葉翻過來細察，發現後取之入桶中，然後做成食物。

曹植（西元一九二年至二三二年），字子建。因封陳王，故世稱陳思王。生於沛國譙，即今安徽省亳州市。曹操之子，曹丕之弟。三國曹魏著名文學家，建安文學代表人物和集大成者。有《白馬篇》、《飛龍篇》、《洛神賦》，其中《洛神賦》為最。

有趣的是，古代人們還把臭蟲、蜻蜓、天牛等昆蟲作為「山珍海味」。

例如《耕餘博覽》記載：唐劍南節度使鮮於叔明嗜臭蟲，「每採拾得三五升，浮於微熱水，洩其氣，以酥及五味遨捲餅食之，雲天生物尋古下佳味。」古人竟能把臭蟲加工成天下佳味，可見他們的加工技術多麼高超。

蒲松齡故居裡的雕像

晉代學者崔豹《古今注》記載了食用蜻蜓的情況。南北朝時期的陶弘景在《本草經集說》裡說，把蠐螬與豬蹄混煮成羹，白如人奶，勾人食慾。

清代醫學家趙學敏在《本草綱目拾遺》中引《滇南各甸土司記》說：騰越州外各土司中，把一種穴居棕木中的棕蟲視為珍饌。土司餉貴客必向各峒丁索取此蟲作供。「連棕皮數尺解送，剖木取之，作羹絕鮮美，肉亦堅韌而腴，絕似東海參雲。」

實際上，現在廣東一帶市場上還把棕蟲賣作為生食。中國傳統名點八珍糕，就是用蠅蛆作為調料，經過洗滌、曝乾、磨碎等程式，與糕粉混合後複製而成的。

古人餐桌上的昆蟲，在現代人的「食譜」中，大部分已經消失了。但蟻卵、龍虱、蠶蛹、蝗蟲等，仍是人們的佳饌。

閱讀連結

在雲南等少數民族地區，現依然保持著古老的食用昆蟲的習俗。傣族地區有一種叫酸螞蟻的，體軀很大，傣族人用細網兜住蟻巢，成蟻負蛋而出，卻過不了網，只得留下蟻蛋來。蟻蛋拌雞蛋炒，味道極美。

在基諾族地區，有一種群居樹上的大螞蟻，從巢穴裡可掏到一盆的蟻蛋，這些蟻蛋大的似豆子，小的如罌粟籽，用醋拌後吃在嘴裡「啪啪」作響，別有一番滋味。

古老的食用昆蟲的習俗，已經成為了眼下的昆蟲美食飲食時尚。

古代治蝗研究的成果

中國自古就是一個蝗災頻發的國家，受災範圍、受災程度堪稱世界之最。因而中國歷代蝗災與治蝗問題的研究成為古今學者關注的主題之一。蝗災是世界性的災變，而且源遠流長。

中國古代治蝗積累了豐富的經驗，出現了不少影響深遠的治蝗類農書。書中在蝗蟲的習性、蝗災的發生規律、除蝗的技術等方面都有了初步的科學認識和總結，是寶貴的歷史遺產。

蝗蟲極喜溫暖乾燥，蝗災往往和嚴重旱災相伴而生，有所謂「旱極而蝗」、「久旱必有蝗」之說。

西元七一五年農曆六月，唐代時的山東發生蝗災，中書令姚崇差御史下諸道，採用驅趕、撲打、焚燒、挖溝土埋等多種辦法消滅了蝗蟲。這一年，農田有一定收穫，百姓沒有挨餓。

蝗蟲浮雕

第二年，山東、河南、河北蝗災又起。山東百姓皆燒香禮拜，眼看蝗蟲食苗，手不敢捕，河南、河北的蝗蟲所經之處，苗稼皆盡。

面對如此嚴重的蝗災，姚崇仍主張採用驅撲焚埋的辦法除治蝗蟲，認為只要上下齊心協力，必能治住蝗蟲，即使有除治不盡的地方，也比養患成災強。

當時不少人認為，蝗是天災，豈可制以人力。是除治還是不除治，在當時兩種思潮的鬥爭十分激烈。最後，姚崇用很多歷史故事講明了治蝗的意義，並用官爵向皇帝擔保，如果治不下去，就請削除官爵。姚崇的治蝗主張得到了皇帝的支持。

姚崇（西元六五〇年至七二一年），他年輕時喜好逸樂，年長以後，才刻苦讀書，大器晚成。歷任武則天、唐睿宗、唐玄宗三個朝代宰相，有「救時宰相」之稱，是中國歷史上的著名宰相。對「開元之治」貢獻尤多，影響極為深遠。

在姚崇的領導下，派御史為捕蝗使分道殺蝗，全國捕蝗九百萬擔，蝗蟲因此也漸止息。

其實，中國自古農業害蟲就很多，尤以蝗蟲、螟蟲和黏蟲為害最烈。在唐代之前，先民們也一直在與蟲災作不懈的鬥爭。

春秋戰國時期，蟲害同水、旱、風霧雹霜、癘疫並列為國家「五害」之一，並在政府中設官掌管治蟲。當時已知飛蝗的若蟲和成蟲之間的區別及其相互關係。

《禮記 · 月令》多處談及氣候異常會引起蝗、螟災害，說明當時對害蟲發生的條件已有所認識。

早期的簡易方法為人工撲殺，包括撲打、捕捉、燒殺和餌誘等，是最原始、簡易的防治方法。如《呂氏春秋 · 不屈》中有人工撲打害蟲的較早記載：「蝗、螟，農夫得而殺之。」

《呂氏春秋》

用餌誘方法除蟲的記載，首見於東漢政治家崔寔《四民月令》，書中提到用包過或插過炙脯的草把誘蟲，這也是古代人民的一種創造。

崔寔（約西元一〇三年至約一七〇年）是東漢後期政論家。涿郡安平人，即現在的河北省安平。曾任郎、五原太守等職，並曾參與撰述本朝史書《東觀漢記》，又著有《四民月令》， 已佚，不過大部分內容保存在《玉燭寶典》一書中。

中國是全世界制定治蝗法規的先行者，比如宋代頒布的法規《熙寧詔》和《淳熙敕》等。以後歷代都把捕蝗列為國家要政，與農業大害的蝗蟲展開了持久的鬥爭。

南宋時期農學家陳敷《農書》明確提到桑田除草的目的之一是防蟲，是世界上以蟲治蟲的最早記載。

南宋治荒名吏董煟《救荒活民書》引北宋時的經驗，根據蝗蟲不食豆苗的特性，提倡廣種豌豆以避免蝗害。

後來許多治蝗專書都有類似記載，並指出除豌豆外，則蟲螟不生，還有綠豆、豇豆、芝麻、山藥，以及桑、菱等十多種蝗蟲不食的作物。

明代農學家徐光啟的《農政全書》指出，輪作制度被列為害蟲防治的重要手段之一。種棉兩年，翻稻一年，則蟲螟不生，並指出除豌豆外，超過三年不輪種則生蟲害。

徐光啟（西元一五六二年至一六三三年）是明代末期科學家、農學家、政治家，明代南直隸松江府上海縣，也就是今上海市黃浦區人。科學研究範圍廣泛， 其中以《農政全書》影響最大，對當時和後世都產生了深遠影響，成為中國古代農業的百科全書。

明代末期《沈氏農書》認為種芋年年換新地則不生蟲害，也進一步認識到雜草是害蟲越冬和生息的場所，強調了冬季剷除草根的除蟲作用。

清代已經有人認為一天之中要抓住蝗蟲「三不飛」，即早晨沾露不飛、中午交配不飛、日暮群聚不飛的時機進行撲打最有效等，說明已知根據害蟲的發生規律和生活習性進行防治。清代還創造了專治稻苞蟲的竹製蟲梳和專治黏蟲的滑車等。

古代生物防治蝗蟲方法的產生和發展也很突出，古人對昆蟲的天敵早有觀察。《詩經 · 小雅》記載有名叫「蜾蠃」的細腰蜂經常銜負螟蛉的幼蟲。《爾雅 · 釋鳥》注意到鷦鷯剖葦、啄木鳥捉蟲的習性。

徐光啟的著作

南北朝時期醫藥學家陶弘景《名醫別錄》指出這《農政全書》是一種寄生現象；《南方草木狀》說嶺南一帶柑農常到市場連窠買蟻防治柑橘蟲害；明代末期《沈氏農書》更進一步認識到雜草是害蟲越冬和生息的場所，是世界上以蟲治蟲的最早記載，陳敷《農書》明確提到桑田除草的目的之一是防蟲。

古代用於防治害蟲的藥物種類範圍頗廣：植物性的有嘉草、莽草、牡菊等；動物性的有蜃灰、蠶矢、魚腥水等；礦物性的有食鹽、硫黃、石灰、砒霜等。

施用方法也多種多樣，用餌誘方法除蟲的記載，包括混入種子收藏，拌同種子種植，浸水或煮汁灑噴，點燃燻煙，直接塞入或塗抹蟲蛀孔等。

此外，古代還有許多透過收穫物處理等方法以防蟲害，如漢代王充《論衡》提到麥種，必須烈日晒乾然後收藏；《農政全書》提到棉子用臘月雪水浸可以防蛀；《豳風廣義》和《農圃便覽》等提到用沸水和雪水冷熱交替浸種可以防病防蟲等。

總之，中國古代人民對蝗害有一定的認識，歷代政府不僅在防治技術上採取了多種措施，說明已知根據害蟲的發生規律和生活習性進行防治，而且不斷總結經驗，逐步形成了治蝗的法規，如選擇抗蟲品種、精耕細作、清除雜草、輪種間作、藥物防除等。其中的很多經驗，至今仍有參考意義。

閱讀連結

清代雍正年間，有一年渤海灘一帶發生了蝗災，飛蝗遍野，禾稼一空。朝廷接到百姓上書，便派將軍劉猛率兵滅蝗。

劉猛到了渤海灘，見蝗蟲聚似山丘，湧如波濤，大驚失色，便迅速率兵晝夜捕打，但蝗蟲依舊鋪天蓋地。

據傳說，劉猛看著這漫天湧來的蝗群，催馬引蝗蟲直奔渤海，海水湧起三公尺巨浪。劉猛不見了，成群成群的蝗蟲也捲入了海底，蝗災消除了。

後人為了紀念劉將軍除治蝗災，保護禾苗，便在武帝台上修建「螞蚱神」廟宇，以祈人壽年豐。

近世成就——明清生物學

明清兩代在中國文化史上的一個重大貢獻，便是對幾千年浩如煙海的典籍文物進行了收集、訂正、考辨和編纂，顯示出封建帝國的博大氣象。其中在生物學方面，其整理和創新工作也是空前的，許多文化人也為此付出畢生精力，取得了中國古代史上的最高成就。

明末清初一些重要作物開始傳入中國，使中國植物種類有所增多，隨之出現的植物圖譜和專著，以及對水生動物的研究利用和本草學方面的建樹，展示了這一時期中國生物學的最高水準。

重要植物輸入與研究

在原始社會，中國的糧食品種主要有：粟、黍、稻、大豆、大麥、小麥等。北方以種植粟、黍糧食品種為主，南方以種植水稻為主。

明末清初，隨著中外交流的增多，一些重要的糧食作物和經濟作物開始傳入中國，在這之後植物的種類也在增多。

整個明清時期傳入的重要植物，包括糧食作物、蔬菜作物和經濟作物。其中，番薯、玉米、菸草的引入，對中國人民的生產和生活影響很大。

古代的玉米糧倉

播種番薯場景

明代萬曆年間，福建省長樂縣青橋村人陳振龍，年未到二十歲中秀才，後來鄉試不第，遂棄儒從商，到呂宋島經商。呂宋島就是現在的菲律賓北部最大島。

在呂宋島，陳振龍見當地到處都種有番薯，可生吃也可熟食，而且還容易種植。他聯想到家鄉時常災害，食不果腹，就用心學會了種植的方法，並出資買薯種。

西元一五九三年農曆五月，陳振龍密攜薯藤，避過出境檢查，經七晝夜航行回到福州。

當時正值閩中大旱，五穀歉收，陳振龍就讓兒子陳經綸上書福建巡撫金學曾，推薦這種適應性很強，不與稻麥爭地，耐旱，耐瘠薄的高產糧食作物。

陳振龍父子根據金學曾覓地試種的建議，在達道鋪紗帽池舍旁空地試種。四個月後，番薯便收穫，可以用來充飢。

收穫番薯場景

金學曾聞訊大喜，於次年傳令遍植，解決閩人缺糧問題。他又在陳經綸所獻《種薯傳授法則》基礎上，寫成中國第一部薯類專著《海外新傳》，宣傳番薯好種、易活、高產的優點，並傳授種植方法。

在金學曾的鼓動下，福建各縣如法推廣。種番薯的地方，災害威脅都大為減輕。

福建人感激金學曾推廣之德，將番薯改稱「金薯」。

後來，陳振龍後代又傳種到浙江、山東等地。陳振龍五世孫陳世元又撰《金薯傳習錄》傳世。

《金薯傳習錄》是一部引種、推廣、種植和傳播番薯的農業科學史料彙編，清代陳世元所著，是一部珍貴的科學史文獻。目前收藏於福建省圖書館特藏部。現在市面上出版的都是根據收藏於該館的海內孤本為底本影印出版的。

清代，金薯種植推廣到中國各地。

為紀念陳振龍引進薯種和金學曾推廣種植的功績，福建人曾在福清縣建立「報功祠」。清代道光年間，福州人何則賢在烏石山建「先薯亭」以為紀念。陳振龍被稱為中國的「番薯之父」。

陳振龍把番薯引入了中國，並改善了中國農作物的結構和食譜，成為中國舊時代度荒解飢的重要食物之一。

另據記載，番薯傳入中國有三條途徑：一是葡萄牙人從美洲傳到緬甸，再傳入中國雲南；二是葡萄牙人傳到越南，東莞人陳益或者吳川人林懷蘭再傳入廣東；三是西班牙人從美洲傳到呂宋島，長樂人陳振龍再傳入中國福建。

不管怎麼說，中國引種番薯第一人之功，林懷蘭、陳振龍和陳益均可享此美譽。他們各自引種，互不關聯，但都為緩解當時中國人的溫飽作出了傑出的貢獻，在中國農業發展史上有重要意義。

番薯成為當時的主要食物

晾晒番薯乾

特別值得指出的是，明代著名學者、農學家徐光啟為在全國推廣番薯而不遺餘力的工作。他把番薯的優點歸納為「十三勝」，自己親自動手進行引種試驗，努力研究解決薯種的收藏越冬問題。

他先用木桶竹簾把薯種運到北方，然後又提出利用窖藏的方法，從而解決了薯種在北方的越冬問題。

經過各地農民的辛勤實踐，終於較好地解決了北方第二代薯種的問題。番薯很快在大江南北廣泛種植，成為中國重要的糧食作物。

徐光啟還總結編寫了《番薯疏序》一書，只可惜，此書在後來失傳。該書對番薯的宣傳推廣、生物學特性的認識和種植技術改進提高造成了良好作用。

番薯的傳入，只是明清時期傳入的國外農作物品種之一。整個明清時期傳入的重要植物主要有：糧食作物番薯、玉米和馬鈴薯；蔬菜作物有番茄、辣椒、甘藍和花椰菜等；經濟作物有菸草和向日葵等。

番茄之所以叫番茄，就說明它是外來的。番茄最初源於南美洲，祕魯的野生番茄品種最多，現在依然有八種以上。在哥倫布發現新大陸後，番茄於十六世紀傳入歐洲諸國，十七至十八世紀從歐洲傳入中國。

這些植物的引進，與明清時期的社會環境有關。在當時，中國人口增殖較快而又災荒頻繁。一些學者曾在明代寫下不少植物專著幫助救荒。

但是煮食野菜的方法只是杯水車薪，而對於大規模的飢荒而言，這種煮食野菜方法的作用畢竟是非常有限的，而且這類植物從味道、營養和毒性等方面考慮，侷限性也很大。

顯然，尋找新的適應性廣、抗逆性強、產量高的糧食作物，是擺在當時社會面前的重要問題。

而番薯的傳入，就在一定程度上解決了人們的吃糧問題。其他植物如玉米、馬鈴薯、番茄等的傳入，對中國農作物種植結構產生了很大影響。

玉米原產於拉丁美洲的墨西哥和祕魯沿安第斯山麓一帶。它的傳入也在明代末期。

西北農家院內的玉米

徐光啟塑像

明代嘉靖年間學者田藝衡的《留青日札》中將玉米稱為「御麥」。書中寫道：「御麥出西蕃，舊名『蕃麥』，以其曾經進御，故名『御麥』。」

《留青日札》是明代田藝蘅撰，共三十九卷，該書雜記明朝社會風俗、藝林掌故。書中零星記及政治經濟、冠服飲食、豪富中官之貪瀆、鄉村農民之生活，以及劉六、劉七、白蓮教馬祖師之起事情形，頗有資料價值。

此外，李時珍的《本草綱目》也記載有玉米，並附有一幅不太準確，但大體反映出玉米特徵的寫生圖。徐光啟的《農政全書》也有記述。

《農政全書》基本上囊括了古代農業生產和人民生活的各個方面，而其中又貫穿著一個基本思想，即徐光啟治國治民的「農政」思想。貫徹這一思想正是《農政全書》不同於其他大型農書的特色之所在，該書由明代徐光啟撰。書在其生前並未定稿，後由陳子龍等整理而成。

一般認為玉米傳入中國的途徑有三條：一條是由東南亞經閩廣傳入內地；一條是從印度、緬甸入雲南；一條是經波斯、中亞至甘肅的西北路線。

在十八世紀中期至十九世紀初期，玉米已在中國大規模推廣，這與玉米適應性廣，耐瘠薄，產量有保障，適於在當時許多新開墾的山地上推廣有關。另外在育種上也有了突破，出現了適應中國各條件的新品種。

上述原因使玉米成為中國僅次於稻麥的重要糧食作物。

馬鈴薯主要分布在南美洲的安第斯山脈及其附近沿海一帶的溫帶和亞熱帶地區。傳入中國後它的稱號極多。在東北地區叫「馬鈴薯」，華北地區叫「山藥蛋」或「地蛋」，西北地區叫「洋芋」或「陽芋」、「洋山芋」，廣西人稱之為「番鬼慈姑」，廣東人稱之為「荷蘭薯」，江浙一帶叫它「洋番芋」。

馬鈴薯在徐光啟以前已傳入中國，因為徐光啟所寫的《農政全書》中記載有「馬鈴薯」。在《農政全書》卷二十八記載有下述一段話：

土芋，一名馬鈴薯，一名黃獨。蔓生葉如豆，根圓如雞卵，內白皮黃……煮食、亦可蒸食。又煮芋汁，洗膩衣，潔白如玉。

由此可見，馬鈴薯的引進在西元一六三三年前無疑。更準確地說，馬鈴薯在西元一六二八年前已傳入中國，並且廣為人知，普遍栽種，因為西元一六二八年為《農政全書》出版的大致時間。

《廣群芳譜》

馬鈴薯傳入中國的時間至今頗有爭議，各種說法之間差距較大，這一文化疑案還有待新材料的發現和學者們的深入研究。

番茄原產於中美洲和南美洲，產地名稱叫做「番茄」，是明代時傳入中國的。很長時間作為觀賞性植物。當時稱為「番柿」，因為酷似柿子，顏色是紅色的，又來自西方，所以有「番茄」的名號。明代官員王象晉成書於西元一六二一年的《群芳譜》記載：

番柿，一名六月柿，莖如蒿，高四五尺，葉如艾，花似榴，一枝結五實或三四實，一數二三十實。縛做架，最堪觀。來自西番，故名。

清代末年，中國人才開始食用番茄。

辣椒起源於中南美洲熱帶地區的墨西哥、祕魯等地，是一種古老的栽培作物。傳入中國有兩條路徑，一是聲名遠揚的絲綢之路，從西亞進入新疆、甘肅、陝西等地，率先在西北栽培；一是經過馬六甲海峽進入中國，在南方的雲南、廣西和湖南等地栽培，然後逐漸向全國擴展。

甘藍起源於地中海至北海沿岸。而中國最早的記述是清代植物學家吳其濬撰的《植物名實圖考》，當時有稱「回子白菜」。

吳其濬（西元一七八九年至一八四七年）是清代著名的植物學家，除植物學外，在農學、醫藥學、礦業、水利等方面均有突出成就。所著《植物名實圖考長編》共三十八卷，收植物一千七百一十四種，敘述其名稱、品種、產地、生長習性、用途等，並有附圖。

甘藍傳入途徑大約是「絲綢之路」，以後再從西北至華北，時間約在十九世紀之近世成就前。至於紫高麗菜傳入中國的時間更短，估計不到一百年。

花椰菜原產於地中海東部海岸，約在清代光緒年間引進中國。又名花菜、椰花菜、甘藍花、洋花菜、球花甘藍。有白、綠兩種，綠色的叫「西藍花」、「青花菜」。

菸草產地大致有亞洲、非洲、南美洲這三地，也是明代末期傳入中國的。據明代醫學家張景岳撰《景岳全書》記載，菸草在明代萬曆年間傳到東南沿海的福建、廣東，隨後江南各省都有栽種。

菸草在引入中國後，由於其本身具有可用為嗜好品的特點，很快就在全國各地推廣。在其引進和發展過程中，人們對其利害關係就聚訟紛紜。一方面，菸草給人類的身體健康造成巨大危害；另一方面，它又確有點驅寒祛濕的作用。在生物學中，它是遺傳學的良好的實驗材料。

向日葵原產北美洲。就目前所能查到的多部地方志情況來看，明代纂修的方志物產中有不少關於向日葵的記載，因此明代中後期，向日葵在中國部分省分種植是比較主流的一種說法。

總之，明清時期傳入的這些植物，不但是增加了中國作物種類，同時對於中國農業生產和國民經濟的發展，產生了重大的影響。

閱讀連結

漢代開通的絲綢之路，讓東方的絲綢輸往波斯和羅馬，西方的珍異之物如植物、香料、水果、藥材輸往中國。而從廣州、杭州、泉州等地經南洋抵達印度、阿拉伯海和非洲東海岸的「海上絲路」也相繼開通。從此之後，世界上所有的文明形態都連接在了一起。

在陸上絲路和海上絲路這兩條線路上，古往今來，那些看似無關緊要的花花草，卻牽動了中國歷代朝野，引出了無數傳奇故事，令人在感觸歷史溫度的同時產生遐想。

植物圖譜與專著的編撰

植物圖譜是按類編製的植物圖集，植物專著是植物領域的專題論著。明清時期的植物圖譜和植物專著，展示了這一時期植物學的最高水準。明清時期重要的植物圖譜是朱的《救荒本草》，科學價值比較高的植物學專著或藥用植物志是吳其濬的《植物名實圖考》。

《救荒本草》是中國明代早期的一部植物圖譜，它描述植物形態，展示了中國當時經濟植物分類的概況。

這兩部著作在中國古代生物學領域占有重要地位，並產生了深遠影響。

朱橚是明朝開國皇帝明太祖朱元璋的第五個兒子，明成祖朱棣的胞弟。

明太祖朱元璋建立明王朝後，在加強中央集權的同時，實行分封制，於西元一三七〇年，分封其九子為王，建藩於各策略要地，讓他們震懾四方。朱橚被封為吳王。

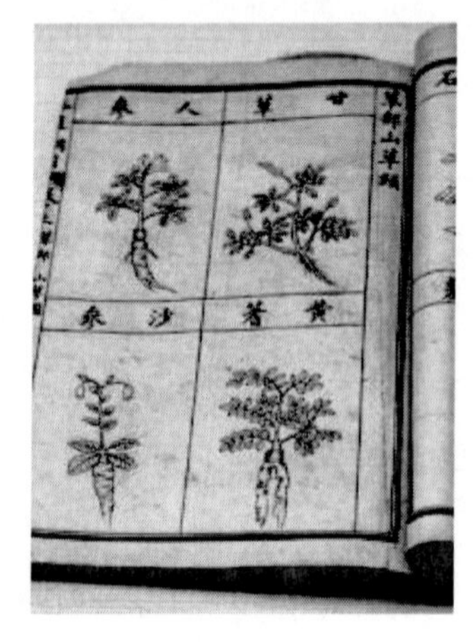

植物綱目

九牛草

朱橚年輕時期就對醫藥很有興趣，認為醫藥可以救死扶傷，延年益壽。

他在雲南期間，對民間的疾苦瞭解增多，看到當地居民生活環境不好，得病的人很多，缺醫少藥的情況非常嚴重。於是他組織本府的良醫李佰等編寫了方便實用的《袖珍方》一書。

朱橚深知編著方書和救荒著作對於大眾的重要意義和迫切性，並利用自己特有的政治和經濟地位，在開封組織了一批學有專長的學者，如劉醇、滕碩、李恆、瞿佑等，作為研究工作的骨幹，還召集了一些技法高明的畫工和其他方面的輔助人員組成一個集體。

朱橚大量收集各種圖書資料，又設立了專門的植物園，種植從民間調查得知的各種野生可食植物，進行觀察實驗。不難看出他是一個出色的科學研究工作的領導者和參加者。

朱橚組織和參與編寫的科技著作共四種，分別是《保生餘錄》、《袖珍方》、《普濟方》和《救荒本草》。在所有著作中，《救荒本草》以開拓新領域見長，成就也最突出。

《救荒本草》是中國早期的一部植物圖譜，是一部專講地方性植物並結合食用方面以救荒為主的植物志。它描述植物形態，展示了中國當時經濟植物分類的概況。

書中對植物資源的利用、加工炮製等方面也作了全面的總結。對中國植物學、農學、醫藥學等科學的發展都有一定影響。

《救荒本草》分上下兩卷，分為五部：草部兩百四十五種，木部八十種，米穀二十種，果部二十三種，菜部四十六種。其中出自舊本草的一百三十八種，並注有「治病」兩字，新增加的兩百七十六種。

植物水英

《救荒本草》新增的植物，除開封本地的食用植生物尋古物外，還有接近河南北部、山西南部太行山、嵩山的輝縣、新鄭、中牟、密縣等地的植物。

在這些植物中，除米穀、豆類、瓜果、蔬菜等供日常食用的以外，還記載了一些必須經過加工處理才能食用的有毒植物，以便荒年時藉以充飢。

作者對採集的許多植物不但繪了圖，而且描述了形態、生長環境，以及加工處理烹調方法等。

朱橚撰《救荒本草》的態度是嚴肅認真的。他把所採集的野生植物先在園裡進行種植，仔細觀察，取得可靠資料。因此，這部書具有比較高的學術價值。

值得注意的是，《救荒本草》在「救飢」項下，提出對有毒的白屈菜加入「淨土」共煮的方法除去它的毒性。白屈菜是多年生草本，蒴果線狀圓柱形，成熟時由基部向上開裂。種子卵球形，黃褐色，有光澤及網紋。生於山坡或山谷林邊草地，分布在四川、新疆、華北和東北。本植物的根亦供藥用，《救荒本草》仲介紹了有毒的白屈菜加入「淨土」共煮的方法除去它的毒性。

這種解毒過程主要是利用淨土的吸附作用，分離出白屈菜中的有毒物質，是植物化學中吸附分離法的應用。這種方法和現代植物化學的分離手段相比顯得很簡單，但在當時卻是難能可貴的。

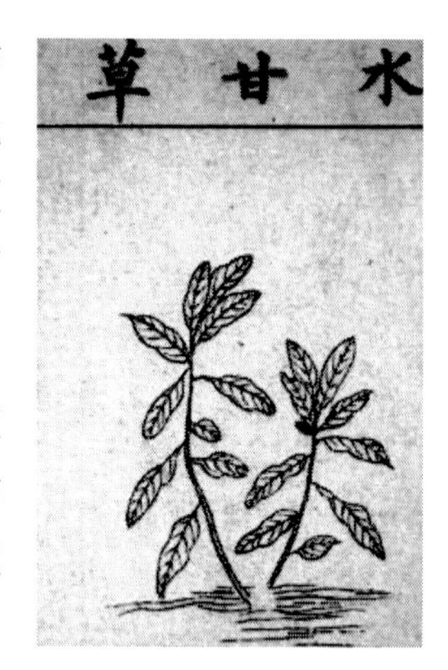

植物水甘草

《植物名實圖考》是清代著名植物學家編著的中國古代一部科學價值比較高的植物學專著或藥用植物志。它在植物學史上的地位，早已為古今中外學者所公認。

吳其濬寫作《植物名實圖考》，主要以歷代本草書籍作為基礎，結合長期調查，大約花了七八年時間才完成。它的編寫體例不同於歷代的本草著作，實質上已經進入植物學的範疇。

《植物名實圖考》全書七點一萬字，三十八卷，記載植物一千七百四十種，分穀、蔬、山草、隰草，石草、水草、蔓草、芳草、毒草、群芳等十二類。每類若干種，每種重點敘述名稱、形色、味、品種、生活習性和用途等，並附圖一千八百多幅。

吳其濬利用巡視各地的機會廣泛採集標本，足跡遍及大江南北，書中所記載的植物涉及中國十九個省，特別是雲南、河南、貴州等省的植物採集的比較多。

植物綱目

吳其濬在山西任職時，就注意到《山西通志》上所謂山西不產黨參的說法與實際不符。他發現山西不僅野外盛產黨參，而且還有人工栽培。

黨參為中國常用的傳統補益藥物。在中國古代以山西上黨地區出產的黨參為上品，具有補中益氣，健脾益肺之功效。清代著名植物學家吳其濬曾對黨參進行研究，並將研究結果記錄在《植物名實圖考》中。

他指出黨參「蔓生，葉不對，節大如手指，野生者根有白汁，秋開花如沙參，花色青白，土人種之為利」。他還派人到深山掘黨參的幼苗，進行人工栽培和觀察，發現「亦易繁衍，細察其狀，頗似初生苜蓿，而氣味則近黃耆」。

《植物名實圖考》所記載的植物，在種類和地理分布上，都遠遠超過歷代諸家本草，對中國近代植物分類學、近代中藥學的發展都有很大影響。

《植物名實圖考》的特點之一是圖文並茂。作者以野外觀察為主，參證文獻記述為輔，反對「耳食」，主張「目驗」，每到一處，注意「多識下問」，虛心向老農、老圃學習，把採集來的植物標本繪製成圖，到現在還可以作為鑑定植物的科、屬甚至種的重要依據。

這部書主要以實物觀察作為依據，作為一種植物近世成就圖譜，在當時是比較精密的，是實物製圖上的一大進步。

由於這部書的圖清晰逼真，能反映植物的特點，許多植物或草藥在《本草綱目》中查不到，或和實物相差比較大，或是弄錯了的，都可以在這裡找到，或互相對照加以解決。

如《植物名實圖考》中藿香一圖，突出藿香葉對生、葉片卵圓形成三角形、基部圓形、頂端長尖、邊具粗鋸齒、花序頂生等特徵，和現代植物學上的唇形科植物藿香相符，而《本草綱目》上繪的圖，差別很大，不能鑑別是哪種植物。

藿香為唇形科多年生草本植物，分布較廣，常見栽培。喜溫旺濕潤和陽光充足環境，宜疏鬆肥沃和排水良好的沙壤土。清代著名植物學家吳其濬在《植物名實圖考》中畫有藿香一圖，和現代植物學上的唇形科植物藿香相符。

書中記載的植物，不僅從藥物學的角度說明它們的性味、治療和用法，還對許多植物種類著重同名異物和同物異名的考訂，以及形態、生活習性、用途、產地的記述。

讀者結合植物和圖說，就能掌握藥用植物的生物學性狀來識別植物種類，可見《植物名實圖考》一書對藥用植物的記載已經不限於藥性、用途等內容，而進入了藥用植物志的領域。

《植物名實圖考》是中國第一部大型的藥用植物志，內容十分豐富，不僅有珍貴的植物學知識，而且對醫藥、農林以及園藝等方面也提供了可貴的史料，值得科學史家用作參考。

閱讀連結

吳其濬幼年喜愛植物知識，成人以後，「宦跡半天下」，每到一處廣採植物標本，向當地農民請教。

他在家守孝期間，曾經植桃八百棵，種柳三千棵，建植物園「東墅」，實地觀察植物生長情況，考訂其藥性功能。後來每到一地隨時留意草木，著成《植物名實圖考長編》和《植物名實圖考》等巨著。

有一次，吳其濬在途中遇到山民挑擔入市，擔中花葉高大，便親入深山掘得這種植物，仔細觀察它的形狀。可見其留心植物之精細。

水產動物的研究成果

明清時期，對水生動物的研究利用達到了高峰。著作數目較多，記述較詳，有許多新的發現，其中不少種名為現代所沿用，分類方法亦有所進步，有些關於魚類生理習性的記載頗有價值。

這一時期關於水產動物的著作中以記載魚最多，反映了魚類在水生動物中所占地位；記福建水產最多，反映了當時福建在沿海開發以及商業貿易中的地位。

明代末期，時任福建鹽運司同知的屠本畯將各種魚類分門別類，最終形成《閩中海錯疏》這一水產類專著。

清代雙魚金飾

張翰是西晉文學家，祖籍吳郡吳縣，就是現在的江蘇蘇州。他為人縱放不拘，而有才名，都說他有阮籍的風度。

有一次，張翰聽到一陣悠揚的琴聲從一艘船上飄來，便登船拜訪。張翰與那人雖素不相識，卻一見如故，便問其去處，方知是要去洛陽，於是說：「正好我也有事要去洛陽。」便和那人同船而去，連家裡人也沒有告知。

一天，張翰見秋風起，突然想到故鄉吳郡的蓴羹、鱸魚膾，心想怎麼能夠捨棄朵頤之快跑到千里之外呢？於是立刻還鄉。

西晉張翰「蓴鱸之思」，成為南方人士愛好食魚的佳話。

南方人很大部分的蛋白質是從統謂之漁業的水產品中獲取的。司馬遷《史記 · 貨殖列傳》中就說，南方楚、越之地的人們「飯稻羹魚」，誠如斯言。

至明清時期，由於長江中下游地區水產業的高度發展，以魚為主的飲食更加流行。其中以魚為蚱的技藝，有鰉魚蚱、鱘魚蚱、荷包蚱、銀魚鮓、蟹蚱等十餘種，魚蚱製作工藝較以前更趨精緻。

比如太湖地區荷包蚱的製作，多用溪池中蓮葉包裹，數日即可取食，與裝在瓶中魚蚱相比氣味特妙。

荷包蚱並不是直接在荷塘邊製作的，而是先將鱘魚切成片，用米屑、荷葉分層包裹，當地人管它叫做荷包。

製作魚蚱所用原料多採用鱘鰉魚。這主要是因為鱘鰉魚骨質鬆脆、肉質細嫩，最適於製鮓。

張翰石刻像

清代康熙年間文人沈朝初在《憶江南》記載：「蘇州好，密蠟拖油鱘骨蚱」，盛讚魚蚱美食。

明清時期，江南魚類美食的盛行，說明這一時期水產的利用達到了一定水準。尤其是許多相關著作的問世，將水產動物的開發利用推向了一個新的歷史性高度。

明清時期水產類著作，主要有專業的魚類著作和綜合性著作兩大類。魚類方面有《種魚經》、《異魚圖贊》、《異魚圖贊補》、《魚品》和《江南魚鮮品》等。兼及其他水生動物的綜合性著作有《閩中海錯疏》、《記海錯》、《海錯百一錄》等。

清代官員陳鑑畫像

明清時期魚類專書中，以明代學者黃省曾的《種魚經》較早，其中對《陶朱公養魚經》的魚池設計做了進一步補充和改進：在魚池中做島，環島植樹，頗有人工生態系統意味。書中分列十八種淡水魚類如鱘鰉、鰳魚、石首、銀魚、鯽魚等加以記述。

稍後，有明代文學家楊慎撰、明末清初官員胡世安補的《異魚圖贊》、《異魚圖贊補》和《異魚圖贊閏集》，特點是以韻文形式寫作，語言十分簡練。

比如記有「烏賊」：「魚有烏賊，狀如算囊，骨間有髻，兩帶極長，含水噀墨，欲蓋反章。」既記形態，又記生理，還對烏賊吐墨行為作了描述。

全書記魚類一百一十餘種，其他水生動物如龜、鱉、蚶和哺乳動物鯨、海牛等近三十種。對鯨的自殺行為也有記載。《補》和《閏》集引用典故較多，種類也有所補充。

明代官員、金石家、書法家顧起元寫有《魚品》，所記都是江東地區水產數十種，文字簡明。

另外福建發現西元一七四三年抄本《官井洋討魚祕訣》，記錄了當地漁民的捕魚經驗，對官井洋的暗礁位置和魚群早晚隨潮汐進退方向以及尋找魚群的方法都有詳細記錄，很有實用價值。

清代官員陳鑑寫有《江南魚鮮品》一書，記鯉、鱗、鱸、鱖、鱧、鮪等淡水魚類十八種，均有形態描述，但側重食用價值。另外《漁書》和《魚譜》兩書，雖有著錄，但都已佚失。

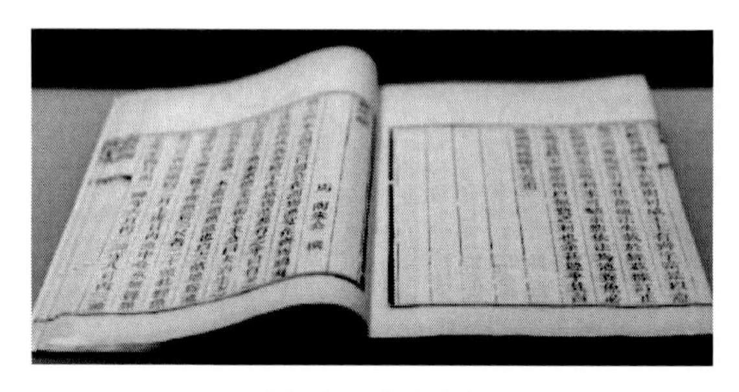

《陶朱公養魚經》

明清時水生動物綜合性著作中比較突出的是《閩中海錯疏》。此書作者是屠本畯，他在入閩任職後，應當時在京任太常少卿的余寅的要求，寫成此書。屠本畯是一位學識淵博的學者，還寫有《閩中荔枝譜》和《野菜箋》等書。

屠本畯熟悉海物，有實際知識和愛好。他當時任福建鹽運司同知，他認為，海產動物種類繁多，與人民生活息息相關，自己身為鹽務官員，並熟悉海物，因此也將寫這部著作，作為自己分內的事。

《閩中海錯疏》成書於西元一五九六年，是明代記述中國福建沿海各種水產動物形態、生活環境、生活習性和分布的著作，對近代生物學研究和海洋水產資源的開發有一定參考價值。

全書分上、中、下三卷。上、中卷為鱗部，下卷為介部。共記載福建海產動物兩百多種，包括少數淡水種類。

以海產經濟魚類為主，計有八十多種，其中包括著名的海產品大黃魚、小黃魚、帶魚、烏賊、對蝦和蟹等，分屬於二十目四十科。此外，還有腔腸動物、軟體動物、節肢動物、兩棲動物及哺乳動物。

這部著作根據動物生物學特性，將它們分成許多群，在大群中還有小群，從而體現了彼此的親緣關係，發展了自然分類體系。

《四庫提要》評論這本書說：「辨別各類，一覽瞭然，有益於多識，考地產者所不廢。」是非常有見地的。

屠本畯另著《海味索引》列十六品為：蚶子頌、江瑤柱贊、子蟹解、礪房贊、淡菜銘、土鐵歌、頌、蛤有多種、黃蛤贊、鱟箋、團魚說、醉蟹贊、蝗魚鯗魚銘、青鯽歌、鯉贊、 魚頌。

作者以頌、贊、歌、說、箋等多種文學形式，表述了水產動物的名稱、形態、種類、性味、產地和用途多方面的知識，也很有特色。

屠本畯做學問重視調查研究，不以輯錄古籍資料為主。因而他描述的動植物，多數能說明其形態、生活習性等，使讀者能辨認其種類。

《四庫全書提要》說它「辨別名類，一目瞭然，頗有益於多識」，這一評價是公允的。他以親自觀察、調查為重點，取得直接的實物資料，故能辨別前人對動植物認識的謬誤，不以訛傳訛。

此外，他對前人的經驗和知識頗為尊重，在《閩中海錯疏》等著作中，引用了許多前人有關動植物知識的文獻，但他在吸取前人科學知識時是審慎的。總之，屠本畯在生物學史上占有重要的地位。

繼《閩中海錯疏》問世之後，清代經學兼博物學家郝懿行著有《記海錯》一卷，追記所見海產動物四十餘種，包括海帶一種。特點是注意考證，文筆精煉。

郝懿行（西元一七五七年至一八二五年）是清代著名學者、清經學家、訓詁學家、博物學家。山東棲霞人，嘉慶年間進士，官至戶部主事，長於名物訓詁及考據之學。所著《記海錯》記所見海產動物四十餘種，包括一種海帶，本書特點是考證嚴謹，文筆精煉。

比如記「望潮」：「海蠕間泥孔漏穿，平望彌目，穴邊有一小蟹，跂腳昂頭，側身遙睇，見人欻入。」於海天泥沙生境中記海蟹形態活動歷歷如繪，生意盎然，令人神往。

再如記「海盤纏」：「大者如扇，中央圓平，旁作五齒歧出，每齒腹下皆作深溝；齒旁有髯，小蟲誤入其溝，便做五齒反張，合界其髯，夾取吞之。既乏腸胃，純骨無肉。背深藍色，雜赬以點……」

在郝懿行稍後，清代水利學家郭柏蒼根據自己數十年在海濱的親見，加上採詢老漁民的經驗，還證之古籍，於西元一八八六年寫有《海錯百一錄》五卷。

郭柏蒼（西元一八一五年至一八九〇年）是清代藏書家、水利學家。侯官縣人，即現在的福建省福州市。家資富有，熱心地方公益事業。曾深入沿海各地收集海產資源資料，考證編著《海錯百一錄》，另著《閩產錄異》，記載福建土特產、動植物和礦產等。

《海錯百一錄》卷一、卷二記漁，寫捕魚工具及捕魚方法，兩卷共記魚一百七十四種。

卷三記介、殼石一百二十一種。卷四記蟲三十種，另附記海洋植物二十四種，補充和豐富清代以前諸書的內容，所記多為實際觀察記錄，採用民間資料也較多。

卷五記海鳥、海獸、海草。堪稱一部海洋生物全志。比如記鯊，首先列舉「其皮如沙，背上有鬣，腹下有翅，胎生」的特點，然後根據身體大小、頭部尾近世成就部特點、體紋體色等加以區分。

記有海鯊、胡鯊、鮫鯊、劍鯊、虎鯊、黃鯊、時鯊、帽紗鯊、吹鯊、秦王鯊、烏翅鯊、雙髻鯊、圓頭鯊、犁頭鯊、鼠鯆鯊、蛤婆鯊、泥鰍鯊、龍文鯊、扁鯊、烏鯊、黃鯊、白鯊、淡鯊、乞食鯊等。

綜上可見，中國海域寬廣、河湖眾多，水生動物產量和飼養量均位世界前列，尤其是魚文化源遠流長。一些淡水魚類飼養和海洋魚類捕撈的生物學原理和方法，在世界文化史上呈奇光異彩。

閱讀連結

屠本畯雖出身望族官宦之家，但鄙視名利，廉潔自持，以讀書、著述為樂。他不但著有《閩中海錯疏》，對近代生物學研究和海洋水產資源的開發有一定影響，還留有著名的讀書「四當論」。

有一次，一位朋友勸他年事已高，不要這麼辛苦讀書。屠本畯回答說：「書對於我來說，飢以當食，渴以當飲，欠身當枕席，愁時以當鼓吹。所以我不覺得苦。」讀書之樂，自在「四當」之中。

從此，他的讀書「四當論」流行於世，鼓舞著歷代讀書人求知不倦。

藥用動植物學的新發展

明清時期，人們從各個方面積累的生物學知識不斷增加，比較鮮明地體現在本草學研究上。本草學著作的大量出現，標誌著藥用動植物研究的新發展這一時期的本草學著作主要有：明代醫學家、藥物學家李時珍的《本草綱目》；清代醫學家趙學敏的《本草綱目拾遺》。

尤其是《本草綱目》，是一部具有世界性影響的醫藥學著作，對科學研究、臨床、教學有重要的參考價值，這部巨著受到世界科學界的重視，已被譯成多種外國文字。

據說李時珍在四十一歲時被推薦到北京太醫院工作。

太醫院是古代專門為宮廷服務的醫療保健機構。太醫院位於故宮東側的南三所以東，後院為御藥房。太醫院始設於金代。除掌醫藥外，太醫院還主管醫學教育，設有各種名稱的太醫和醫官。從金代至清代，太醫院作為全國性醫政兼醫療的中樞機構延續了七百多年。

太醫院的工作經歷，給李時珍的一生帶來了重大影響，為他創造《本草綱目》埋下很好的伏筆。

李時珍塑像

李時珍利用太醫院良好的學習環境，不但閱讀了大量醫書，而且對經史百家、方志類書、稗官野史，也都廣泛參考。與此同時，李時珍仔細觀察了國外進口的以及中國貴重藥材，對它們的形態、特性、產地都一一加以記錄。

在太醫院工作一年左右，為了修改本草書，他再也不願耽擱下去了，藉故辭職。

李時珍在回家的路上，有一天投宿在一個驛站。他遇見幾個替官府趕車的馬伕，圍著一口小鍋，煮著連根帶葉的野草，就上前詢問。

馬伕告訴他說：「我們趕車人，長年累月地在外奔跑，損傷筋骨是常有之事，如將這藥草煮湯喝了，就能舒筋活血。」馬伕還告訴他，這藥草原名叫「鼓子花」，又叫「旋花」。

李時珍從馬伕這裡知道了旋花有「益氣續筋」之用，於是將這個經驗記錄了下來。

這件事使李時珍意識到：要想修改好本草書，就必須到實踐中去，才能有所發現。經過多年的研究和野外考察，他在七十五歲時寫成了《本草綱目》一書。《本草綱目》是中國古代本草學上的巨著，達到生物科學水準的一個新的高度，對生物學的發展也有重大的推動作用。

在《本草綱目》所載的全部藥物中，有三百二十四種是李時珍新記的。記有植物藥一千零八十九種，除去有名未用的一百五十三種以外，實有九百三十六種。還記有動物藥四百餘種。分列「釋名、集解、正誤、修治、氣味、主治、發明」等項加以說明。

這部著作的重要意義在於分類更傾向自然性，用起來也方便；形態描述更詳細、準確，同時還糾正了不少以前的訛傳和不實之詞。

《本草綱目》將藥物分成水、火、土、金石、草、穀、菜、果、木、服器、魚、鱗、介、禽、獸、人十六部。各部又細分為子類。如在近世成就草部下就分為山草、芳草、隰草、毒草、蔓草、水草、石草、苔、雜草、有名未用等類。

從這個分類來看，李時珍完全摒棄了上、中、下的三品分類法，採用的分類依據是習性、形態、性質、生態等。他對藥物的考察非常深入仔細，常將具有相似療效的植物排列在一起，說明他工作的深入。

李時珍詳細地閱讀過大量本草文獻，並親自對許多藥物進行過細緻觀察，因此他在藥用動植物形態描述方面通常比前人的詳盡。這在指導人們尋找藥物和鑑別藥物有很突出的價值。

比如蛇床子，在以前的本草著作中沒有形態描述，只記載了別名、產地，《本草綱目》在羅列了前書有關文字後，接著說，「其花如碎米攢簇，其子兩片合成，似蒔蘿子而細，亦有細棱。」

由此我們可以看出，《本草綱目》對植物形態的認識逐漸從表及裡，從粗到細，反映了人們對植物和動物的認識的進步。

李時珍在訂正前人的錯誤、謬說方面也做了大量出色的工作。他批駁了服食丹藥和蝙蝠能長生的說法，證實了某些醫生所說的多食烏賊魚會使人不育，掏鸛的幼雛會導致天旱的說法，是沒有根據的。

他還指出草籽不能變成魚，也弄清楚五倍子是蟲瘿、鯪鯉吃蟻等。這些內容，大多反映在《本草綱目》中的「正誤」和「發明」等項中，充分反映了李時珍的注重實踐精神。

木本與草本相對，指根和莖增粗生長形成大量的木質部，而細胞壁也多數屬於堅固木質化。木本植物因植株高度及分枝部位等不同，可分為喬木如松、杉、楓、楊、樟等，灌木如茶、月季、木槿等，半灌木如牡丹等。

《本草綱目》的產生和成就的取得不是偶然。自宋代以來，人們就積累了豐富的本草學知識，為明代的發展準備了條件。明代初中期還湧現了一批各具特色，內容新穎充實的本草著作，如《救荒本草》和《滇南本草》，這些也在客觀上促進了一些大型的、總結性的著作出現。

在李時珍後較長一段時期，本草學沒有大的發展。至清代趙學敏的《本草綱目拾遺》這一著作的出現，才改變了這一局面。

自《本草綱目》成書以後到趙學敏又歷兩百餘年。這期間民間的醫藥知識得到了很大發展，很有必要進行收集整理。

趙學敏是清代醫學家。他在研究本草學方面非常嚴謹。從他的著作中可以看出，他經常深入民間，透過調查訪問來取得第一手資料。

他注重實證，不輕信文獻。藥物經過臨床證實，確有療效的他才收入書中，否則「寧以其略，不敢欺世也」。他還親自在藥圃中種植藥用植物，詳細觀察其生長情況和形態特徵。

趙學敏這種實事求是的科學態度，是他在本草學上取得輝煌成就的主要原因。

趙學敏編著的《本草綱目拾遺》是一部為了彌補明代醫學家李時珍《本草綱目》之不足而作的本草學著作。《本草綱目》是中國明代本草學的集大成之作，記載藥物達一千八百九十二種，其中三百七十四種屬李時珍新增補。內容十分豐富，為中醫藥學增添了大量的用藥新素材。

本書所載藥物絕大部分是綱目未收錄的民間藥，或已見於當時其他醫書上應用的品種。同時也包括一些進口藥，如金雞勒，東洋參、西洋參、鴉片煙、日精油、香草、臭草、菸草等。

在藥物的分類方面，趙學敏也有所創新。他除依《本草綱目》將植物分為草、木、果、穀、蔬等部外，還另立「花部」和「藤部」。

他認為《本草綱目》無藤部，以藤歸蔓類不合理。木本為藤，草本為蔓，不能混淆，應立藤部。他還集中各種以花知名的植物為花部。另外，他對設立「人部」的依據說法很不以為然，故在他的著作中刪掉了「人部」。

《本草綱目拾遺》對研究《本草綱目》和明代以來藥物學的發展，是一部十分重要的參考書。它是清代最重要的本草著作，標誌著中國藥用動植物學的新發展，一直受到海內外學者的重視。

閱讀連結

李時珍治學有一種高度負責的態度。有一次，他聽人說北方有一種藥物，名叫「曼陀羅花」，吃了後會使人手舞足蹈，嚴重的還會麻醉。李時珍為了尋找曼陀羅花，來到北方。

李時珍在北方艱辛尋找，終於發現了獨莖直上高有四五尺，葉像茄子葉，花像牽牛花，早開夜合的曼陀羅花。為了掌握曼陀羅花的性能，他又親自嘗試，並記下了「割瘡灸火，宜先服此，則不覺苦也」。

據現代藥理分析，李時珍的結論是正確的。

國家圖書館出版品預行編目（CIP）資料

生物尋古：生物歷史與生物科技 / 余海文 編著 . -- 第一版 .
-- 臺北市：崧燁文化, 2020.01
面； 公分
POD 版

ISBN 978-986-516-099-9(平裝)

1. 生物學史 2. 中國

360.92 108018476

書 名：生物尋古：生物歷史與生物科技
作 者：余海文 編著
發 行 人：黃振庭
出 版 者：崧燁文化事業有限公司
發 行 者：崧燁文化事業有限公司
E-mail：sonbookservice@gmail.com
粉 絲 頁： 網 址：
地 址：台北市中正區重慶南路一段六十一號八樓 815 室
8F.-815, No.61, Sec. 1, Chongqing S. Rd., Zhongzheng
Dist., Taipei City 100, Taiwan (R.O.C.)
電 話：(02)2370-3310 傳 真：(02) 2388-1990
總 經 銷：紅螞蟻圖書有限公司
地 址: 台北市內湖區舊宗路二段 121 巷 19 號
電 話:02-2795-3656 傳真 :02-2795-4100 網址：
印 刷：京峯彩色印刷有限公司（京峰數位）

定 價：250 元
發行日期：2020 年 01 月第一版
◎ 本書以 POD 印製發行